高等职业教育"十四五"系列教材

无人机装配与维修

主　编　黄睿杰
副主编　高　涛

U0360287

南京大学出版社

内容简介

本教材是适应新时期无人机应用技术专业专科教学对无人机行业应用知识的需要,旨在强化、规范无人机装配与维修课程教学,通过项目化、理实一体化教学促进学生对理论知识的理解、深化,培养学生的无人机装配与维修技能。本教材主要汇编了不同构型无人机组装、不同构型无人机调试、不同行业无人机维护保养、不同构型和不同行业无人机试飞操控的相关知识和技能。

本书主要作为高等职业院校无人机应用技术专业的无人机装配与维修课程教材,同时也可以作为高等职业院校其他相关专业的参考教材。

图书在版编目(CIP)数据

无人机装配与维修 / 黄睿杰主编.--南京 :南京大学出版社,2024.8.--ISBN 978-7-305-26776-5

Ⅰ.V279

中国国家版本馆 CIP 数据核字第 2024XY0872 号

出版发行　南京大学出版社

社　　址　南京市汉口路 22 号　　　邮　编　210093

书　　名　无人机装配与维修
　　　　　WURENJI ZHUANGPEI YU WEIXIU

主　　编　黄睿杰

责任编辑　吕家慧　　　　编辑热线　025-83597482

照　　排　南京开卷文化传媒有限公司

印　　刷　南京人民印刷厂有限责任公司

开　　本　787 mm×1092 mm　1/16　印张 12.5　字数 320 千

版　　次　2024 年 8 月第 1 版　2024 年 8 月第 1 次印刷

ISBN　978-7-305-26776-5

定　　价　42.00 元

网　　址:http://www.njupco.com

官方微博:http://weibo.com/njupco

微信服务号:njuyuexue

销售咨询热线:(025)83594756

前　言

目前,全国已有近300所高职院校开设无人机应用技术专业,由于该专业对无人机行业的特殊性和重要性,所以该专业的教育也逐渐受到重视。目前市面上针对无人机应用技术专业的教材不成体系,是该专业教学中面临的一大问题。无人机装配与维修是无人机应用技术专业的核心课程,通过无人机装配与维修课程,可以提高分析和解决无人机装调修中实际问题的能力,因此非常有必要编写一本适应新时期无人机应用技术专业人才培养需求的教材。在此背景下,江苏工程职业技术学院航空与交通工程学院的两位老师总结自身教学经验和企业工作经验编写了本书。

本书在编写过程中考虑如下几点:① 注重教材的全面性和普适性。目前各院校开设的无人机构型、行业应用方向差异性较大,所侧重的知识也不尽相同,因此尽可能将较为成熟的无人机构型和行业应用无人机装调修方法纳入本书,以供不同院校选用。② 注重理论和实际操作并重,强化理论与实际操作的介绍,使学生在掌握理论知识的同时,通过实际操作加深对理论知识的理解与装调修知识的学习。③ 注重项目化教学,使得学生在学习阶段就能够参与到实际工作环境中,提高学生解决实际工作问题的能力。

参与本书编写的有江苏工程职业技术学院航空与交通工程学院的黄睿杰(项目三、四、五)、高涛(项目一、二)。黄睿杰担任主编,负责全书的组织、编写和审稿,高涛担任副主编,协助主编工作。

本书编写过程中参考了许多国内外同行的文献、资料和书籍,在此一并表示感谢。

无人机应用技术专业的发展日新月异,教学改革任重道远。编者的能力与水平有限,书中难免有些疏漏和不当之处,敬请读者批评指正。

编　者

2024 年 4 月

目　录

项目一 认识无人机装配与维修工作

【项目导读】▶▶▶▶▶

　　无人机装配与维修工作是无人机行业日常工作的重要组成部分,从事无人机装配、调试及售后维修服务人员将长期保持亟需趋势。本项目主要探讨了无人机装配与维修工作的重要性和必要性,介绍了无人机装调检修常用材料和工具,讲述了无人机机械装配工艺。

【知识目标】▶▶▶▶▶

　　熟知无人机装配与维修工作的重要性和必要性。

　　熟悉无人机常用材料。

　　掌握无人机常用工具使用方法。

　　熟知无人机机械装配工艺。

【技能目标】▶▶▶▶▶

　　能熟练使用无人机常用工具。

任务一　无人机装配与维修工作的重要性和必要性

　　近年来随着技术的发展进步,无人机应用逐渐从军事领域向民用领域延伸,应用范畴不断拓宽,消费、植保、电力、安防、测绘等行业日渐成熟,从事无人机装配、调试及售后维修服务的人员将长期保持亟需趋势。

　　中国民航局发布数据显示,截至2023年底,我国已有超126万架无人机,同比增长约32%,民用无人机累计飞行超2 300万小时。低空经济市场规模已超5 000亿元。在无人机市场份额中,用于无人机试验费用约15%,用于无人机维护服务费用约10%~20%。可以看出随着无人机行业技术不断升级,设备保有量的增加和新技术的不断引进给维修行业带来了前所未有的挑战,无论是从技术层面还是从市场层面来看,全行业都要求有高素质、高技能的装调检修人才作支撑。

　　当前,国内的民用无人机市场还属于蓝海,据工业和信息化部相关数据预测,到2025年我国民用无人机产值将达到1 800亿元。在无人机行业的市场需求下,无人机装调检修工职业应运而生。2020 年 2 月 25 日,中国就业培训技术指导中心发布《关于发布新职业信息公示的通告》,"无人机装调检修工"正式成为新职业并纳入国家职业分类大典目录,近百万无人机装调检修从业人员有了职业归属。无人机装调工职业定义:无人机装调工是指使用设备、工装、工具和调试软件,对无人机进行配件选型、装配、调试、检修与维修的人员。

无人机装调检修工职业填补了无人机行业的一个专业服务模块,使无人机和通用航空一样,有了专业的保障团队,提供全面的服务技术,让无人机的装调和检修行为更加专业化、合法化、规范化,为无人机安全飞行撑起保护伞,让飞行更加安全、更加可靠、效率更高、服务更加规范。

任务二　无人机装调检修常用材料与工具

一、无人机装调检修常用材料

1. 泡沫板

泡沫板,如图 1.2.1 所示,多用于小型固定翼无人机,具有重量轻、制作简单、相对耐摔、容易修复等特点。按材料不同分为 KT 板、EPO 板、EPS 板和 EPP 板等。按发泡放大比例(发泡后比发泡前的增大倍数)分为低发泡 15 倍以下到高发泡 40 倍以上,放大倍数越小,材料硬度越硬,韧性越差。

图 1.2.1　泡沫板

图 1.2.2　泡沫材质飞机模型

图 1.2.3　聚苯乙烯泡沫练习机

（1）聚苯乙烯(EPS)泡沫塑料

聚苯乙烯泡沫塑料分为可发性聚苯乙烯泡沫塑料和乳液聚苯乙烯泡沫塑料两类。按制造方法可分为模压发泡和挤出发泡两种,一般用于制作飞行练习机。由可发性聚苯乙烯预发泡颗粒蒸气发泡法制造的聚苯乙烯泡沫塑料,其生产数量和应用范围都超过其他种类。

（2）聚丙烯(EPP)泡沫塑料

聚丙烯泡沫塑料是一种性能卓越的高结晶型聚合物/气体复合材料,以其独特而优越的性能成为目前增长最快的环保、新型、抗压、缓冲、隔热材料。EPP制品具有十分优异的抗振吸收性能、形变后回复率高,具有很好的耐热性、耐化学品、耐油性和隔热性。另外,其重量轻,可大幅度减轻产品的重量。EPP还是一种环保材料,不仅可回收再利用,而且可以自然降解,不会造成白色污染。适合做包括食品在内的各种环保包装材料,并适用于汽车内装饰、隔热、建筑和五金等行业。

（3）EPO泡沫塑料

EPO泡沫塑料是近来泡沫塑料无人机采用的新型泡沫塑料。EPO(PE/PS)泡沫塑料是聚乙烯发泡珠粒和聚苯乙烯发泡珠粒混合体发泡成型产品。由于混合了聚乙烯发泡珠粒,无人机外表光滑、表面硬度增加,比单纯聚苯乙烯泡沫塑料制作的无人机增加了机械强度和韧性,与聚苯乙烯泡沫塑料相比较耐冲击。但重量略有增加,往往和其他材质复合生产无人机。

图1.2.4　EPP泡沫塑料无人机　　　图1.2.5　EPO＋碳纤复合材料无人机

2. 塑料

塑料是一种以有机合成树脂为主要原料,加入或不加入其他配合材料而构成的人造高分子材料。它在一定的条件(如温度、压力)下,通过物态转变或交联固化的作用,能塑造成一定的形状。

按受热行为分为热固性塑料和热缩性塑料。

（1）热固性塑料

受热后聚合物进行物理和化学变化,分子呈网形结构而固化。代表性塑料有PF(酚醛树脂)、UF(脲甲醛树脂)、EP(环氧树脂)。

图1.2.6　用塑料制成的零件

（2）热缩性塑料

受热后聚合物进行物态转变而变软,分子仍为线性或支链形结构。代表性塑料有聚乙烯(PE)、聚氯乙烯(PVC)、聚苯乙烯(PS)。无人机的零配件大部分使用热缩性塑料的注塑件,如螺旋桨、发动机架、摇臂、接头、各种连接件、机轮等。采用的塑料有PE、PVC、PS,要求力学性能强的采用丙烯腈-丁二烯-苯乙烯(ABS)、聚碳酸酯(PC)、尼龙(PA)和混合有玻纤、碳纤维的增强塑料。

（3）吸塑、吹塑和搪塑

透明或彩色塑料板材经过真空吸塑或热压成型工艺可以制作透明座舱罩、机头罩。用吹塑成型的工艺可以制作油箱、机身壳体,用搪塑成型工艺可以制作装饰品。

3. 木材

木材是制作固定翼无人机的主要材料。木材的优点:① 单位体积重量小。② 单位截面积和受力的强度平均极限比大,即比强度大。③ 容易加工。④ 价格相对低廉。木材的缺点:① 木纹结构不一致,强度不均匀。② 木材的细孔容易吸湿变形。③ 在潮湿的地方不好保存,容易腐烂。

制作无人机的几种常用木材如下。

（1）桐木

泡桐是我国特有的树种,也是我国最轻的木材之一。泡桐树在我国分布很广,优良的泡桐品种,在适宜的条件下生长极快,一般6~10年成材采伐。干燥的泡桐木材密度在 230~400 kg/m³ 之间。材质轻、有韧性。由于干缩系数小,所以桐木不弯不翘不变形。经过干燥后的桐木,不易吸收水分,隔潮、耐磨、耐酸碱、不易虫蛀。桐木燃烧点高达 425 ℃,不易燃烧。

（2）轻木

轻木生长在中南美洲的潮湿雨林中,厄瓜多尔是全世界航空无人机用轻木的主要产地,如图 1.2.8 所示。品质好的轻木生长在气候温暖、降水充足、排水良好的热带河流之间的高地上。轻木生长速度很快,6~10 年内树径可达 30~115 cm,高 18~30 m,即可成材采伐。

图 1.2.7　泡桐树

图 1.2.8　轻木原材料

图 1.2.9　加工后轻木

（3）红松

红松材质优良、纹理通直、抗压力强、富含树脂、易干燥。红松木材适用于航空、桥梁和车船用材。红松木材的刨削、车削性能良好,易于加工,适用于制作各种无人机、胶合板、乐器和运动器械。在无人机上,红松木材主要用来制作翼梁、机身纵条、木型等。

（4）杉木

杉木在我国分布较广,是我国重要的珍贵用材树种之一。材质轻软、细致、纹理通直、纤维长、易加工,是航空、造船、建筑、桥梁等用材。杉木木条是制作无人机和初、高级滑翔机的翼梁、构架的上等材料。

（5）椴木

椴木主要产地在东北吉林,材质较软、耐磨、耐腐蚀、木纹细腻、不易开裂、易加工、韧性强、应用范围广,可用来制作工艺品、无人机、木线和细木工板。无人机常用椴木制成的层板或用椴木做木型等,它也是制作实体无人机的好材料。

（6）榉木

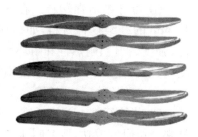

图 1.2.10　用榉木制作的螺旋桨

榉木在欧美、日本和我国都有出产。欧洲榉木颜色一致,纹理通直精细,有芝麻点带有光泽。榉木的密度为 $0.62\ \text{g/cm}^3$,硬度、冲击强度中等,具有较好的剪切强度,耐磨,蒸汽加工弯曲性能好。榉木手工加工和机械加工都能达到光洁、平滑的表面,着色和抛光性能都很好。榉木木材主要制作木质螺旋桨（图 1.2.10）、发动机架、起落架托板、小木刨等部件和工具。

（7）竹材

竹材是竹类木质化的茎秆部分。竹材的密度因竹龄（成熟的密度较大）、部位（梢段或杆壁外缘密度较大）和竹子种类而异,平均约为 $0.64\ \text{g/cm}^3$。顺纹抗拉强度较高,平均为木材的 2 倍;顺纹抗剪强度低于木材,空气干燥后的竹材吸水性强。竹材可以制成建材,是造纸、生产纤维板、醋酸纤维、硝化纤维的重要材料。

4. 金属材料

（1）钢丝

制作无人机的起落架、舵机连杆、机构上的弹簧和挂钩、螺旋桨轴都需要用到钢丝。钢琴钢丝、乐器钢丝和弹簧钢丝是制作上述零件的最好材料,牙科不锈钢钢丝也可以制作弹性要求不高的零件。除了弹簧外,钢丝在大多数情况下不需要再进行热处理,弯曲钢丝的最小曲率半径应该是钢丝直径的 2 倍,钢丝折弯次数过多会使钢丝出现裂痕,容易折断。

（2）硬铝

硬铝属于铝镁系铝合金,呈银白色,密度约为 $2.8\ \text{g/cm}^2$。硬铝可塑性很高,可以锻造,可以进行冲压和加工硬化的处理,并且很容易钻、车、铣等机械加工。

（3）黄铜

黄铜在无人机上主要用来车制轴套等小零件,黄铜加热到 $500\ ℃$ 以上后,在空气中冷却即可退火。退火后变软,易弯、易冲。用黄铜片制作孔径较深的零件或模具时,为了避免产生裂痕,要进行几遍边冲压、边退火。

5. 复合材料

由两个或两个以上独立的物料,包括黏接材料（基体）和粒料,同纤维或片状材料所组成的一种固体产物称为复合材料。复合材料包括基体和增强材料。基体:如玻璃钢中的树脂;增强材料:如玻璃钢中的玻璃纤维。

（1）复合材料的基体

复合材料按基体材料不同分为以下三类。

① 聚合物基(树脂基)复合材料。

② 金属基复合材料。

③ 无机非金属基(如陶瓷)复合材料。

无人机主要采用纤维增强材料的树脂基复合材料。

(2) 复合材料的增强材料

① 短纤维增强塑料。在热固性或热缩性塑料的基体中,均匀分散着长度不超过 10～15 mm 的纤维复合材料,如玻璃纤维和碳纤维的短纤维,短纤维增强塑料提高了尺寸稳定性、强度、韧性、耐热性和耐环境性。用短纤维增强塑料制作的螺旋桨、发动机架等零件,强度高、不易变形、不易断裂、使用安全。

② 玻璃纤维和碳纤维。

③ 芳纶纤维。芳纶纤维全称为"聚对苯二甲酰对苯二胺",如图 1.2.12 所示,1970 年由杜邦公司研发成功,取名叫凯芙拉(Kevlar)。凯芙拉是一种新型高科技合成纤维,具有超高强度、高模量和耐高温、耐酸耐碱、重量轻等优良性能,其强度是钢丝的 5～6 倍,模量是钢丝或玻璃纤维的 2～3 倍,而重量仅为钢丝的 1/5 左右,在 560 ℃ 的温度下,不分解、不融化。它具有良好的绝缘性和抗老化性能。

图 1.2.11　碳纤维 4K 无人机

图 1.2.12　各种规格的凯芙拉纤维线

在组装无人机时我们通常要选取适合的材料,比如碳纤维、玻纤维、塑料、铝合金、轻木等,铝合金一般用于一些连接件,如管夹、折叠脚架等,轻木一般用于固定翼无人机,多旋翼无人机主要采用碳纤维、玻纤维、塑料材料。各材料的性能如表 1.2.1 所示。

表 1.2.1　材料性能表

性能＼材料	碳纤维	玻纤维	丙烯酸塑料	铝合金	轻木
密度(lb/cuin)	0.05	0.07	0.04	0.1	0.002 7～0.008 1
刚度(Msi)	9.3	2.7	0.38	10.3	0.16～0.9
强度(ksi)	120	15～50	8～11	15～75	1～4.6
价格(10 个级别,1 最便宜)	10	4	1	3	1
加工难易度(10 个级别,1 最容易)	7	3	3	3	1

6. T 插头

T 插头,如图 1.2.13 所示,由于两个金属导电部分一个横一个竖成一个 T 字型,所以称为 T 插,T 字型可以防止正负极接反,成对使用,一头凸出的为公头[图 1.2.13(a)],凹进去的为母头[图 1.2.13(b)],通常作为电源接头。

(a) 公头　　　　　　　　(b) 母头

图 1.2.13　T 插头

【扫码观看视频】

二、无人机装调检修常用工具

无人机的装调包括机械组装、电气组装和相关调试工作,组装与调试过程中会用到各种工具。

1. 螺丝刀

螺丝刀,如图 1.2.14 所示,又称"起子",用来拧螺丝的工具,按不同的头型可以分为一字、十字、米字、星型、方头、六角头和 Y 型头部等,其中一字螺丝刀、十字螺丝刀,内六角螺丝刀,是我们生活中最常用的。

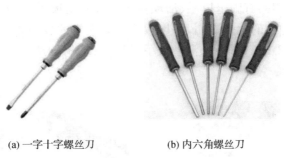

(a) 一字十字螺丝刀　　　　　　　(b) 内六角螺丝刀

图 1.2.14　螺丝刀

2. 水口钳和斜口钳

水口钳,如图 1.2.15(a)所示。斜口钳,如图 1.2.15(b)所示。

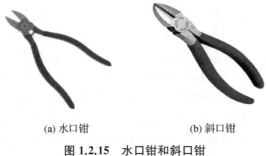

(a) 水口钳　　　　　　　　(b) 斜口钳

图 1.2.15　水口钳和斜口钳

3. 剥线钳

剥线钳,如图 1.2.16 所示,是电工、修理工、仪器仪表电工常用的工具之一,用来剥除电线头部的表面绝缘层,使电线被切断的绝缘皮与电线分开,剥线钳的塑料手柄还可以防止触电。

4. 内六角扳手

内六角扳手,如图 1.2.17 所示,它通过扭矩施加对螺丝的作用力,大大降低了使用者的用力强度。内六角螺丝与一字、十字螺丝在使用的时候受力不一样,一字和十字螺丝需要用轴向力压住再拧,容易拧花螺丝头,而内六角螺丝则是将内六角扳手插入螺丝头后给一个旋转力就行,不容易打滑,可以拧得更紧,所以一般受力比较大的地方采用内六角螺丝来连接。

图 1.2.16　剥线钳

图 1.2.17　内六角扳手

5. 扳手

扳手种类很多,常用的有固定扳手、活动扳手和外六角扳手,无人机无刷电机大多采用六角螺帽或者是带子弹头的六角螺帽,所以扳手在无人机的装调时最常用的就是拆装螺旋桨。固定扳手,如图 1.2.18(a)所示;活动扳手,如图 1.2.18(b)所示;纤维板切割的外六角扳手,如图 1.2.18(c)所示。

(a)固定扳手

(b)活动扳手

(c)外六角扳手

图 1.2.18　扳手

6. 小型台钳

图 1.2.19　小型台钳

小型台钳,如图 1.2.19 所示,又称虎钳、台虎钳,是夹持、固定工件以便进行加工的一种工具,使用十分广泛。台钳安装在钳工台上,以钳口的宽度为标定规格,常见规格从 75 mm 到 300 mm。小型台钳因其体积小、重量轻,可以方便地在多种场合使用,如工作台、办公桌等,在无人机装调时可以用来夹紧碳管、碳纤维板进行简单的加工,也可以夹持电子元件方便焊接。

7. 小型机械

(a) 手电钻 (b) 小型家用曲线锯 (c) 砂带机

(d) 气泵和喷枪 (e) 小车床 (f) 小车床钻床

(g) 台钻 (h) 激光雕刻机

图 1.2.20 小型机械

8. 切割工具

(1) 壁纸刀

壁纸刀是制作无人机经常使用的刀具,如图 1.2.21 所示。市场上销售的壁纸刀规格齐全、使用方便、价格低廉。壁纸刀可以用来切割各种薄板、木片、木条,可以刻翼肋、刻槽、修整、蒙膜等,是用处比较多的工具。壁纸刀使用很方便,刀刃不快,用钳子掰下一小段即可。一个刀片用完以后还可以再换一片新的,省去磨刀的麻烦。壁纸刀有大小不同的规格,宽 9 mm 薄刀刃的壁纸刀(如图 1.2.21 所示最小号)用处最多,因为刀刃相对薄些,切木片时不至于把切出的木条或其他零件挤压变形太多。

图 1.2.21 壁纸刀

图 1.2.22　斜口刀

（2）斜口刀

在专门卖剪刀的商店有售，大部分是用一般碳素钢打制，带木把。买时须仔细挑选，敲击声清脆的硬度会好些。

（3）刻刀

市场有各种刻刀：① 成套的、镶有木把的平口、圆口、V 形口等各种刀口的木刻刀，如图 1.2.23（a）所示。这种刻刀有大小不同的规格，主要用来刻挖槽、孔和制作木型。② 可以更换刀片的尖刻刀，刻翼肋、刻切木片用处最多，如图 1.2.23（b）所示。③ 可以更换各种刀片的成套刻刀，如图 1.2.23（c）所示。

（a）成套的各种刃口木刻刀　　（b）可以更换刀片的尖刻刀　　（c）成套刻刀

图 1.2.23　刻刀

（4）剪刀

剪刀有两种：普通家用剪刀，用来剪纸、剪布等；铁剪刀，剪裁不太厚的铁片、铜片和铝片，制作无人机应选用小号铁剪刀。如图 1.2.24 所示。

（5）手工锯

图 1.2.24　剪刀

手工锯，如图 1.2.25 所示，在制作无人机时，经常需要加工碳管、碳纤维板等零配件，在不方便机加工时，可以用手工锯进行简单的制作。

（a）手工锯（一）　　　（b）手工锯（二）　　　（c）在木叉托板上锯零件

图 1.2.25　手工锯

9. 锉刀

在手工制作和加工零件时，如桌面机床加工、锯销加工、钻孔加工后会残留下锋利的毛刺，如不去除，一是容易割伤人或电线、二是碳纤维由于材质结构（编织状）的原因容易损坏，所以必须用锉刀将棱角打磨平整。常用的锉刀有什锦锉［图 1.2.26（a）］。普通锉［图 1.2.26（b）］等。

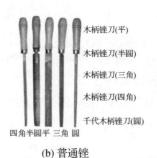

木柄锉刀(平)
木柄锉刀(半圆)
木柄锉刀(三角)
木柄锉刀(四角)
千代木柄锉刀(圆)

四角 半圆 平 三角 圆

(a) 什锦锉　　　　　　　　　　(b) 普通锉

图 1.2.26　锉刀

10. 手电钻

手电钻是手工制作、维修的必备工具,可用来钻孔、攻螺纹、拧螺丝等,常用的手电钻有充电式手电钻[图 1.2.27(a)]、220 V 插电式手电钻[图 1.2.27(b)]等。

(a) 充电式手电钻　　　　　　　(b) 插电式手电钻

图 1.2.27　手电钻

11. 万用表

万用表主要功能是测交直流电压、电阻和直流电流等,功能多的万用表还可测交流电流、电容、三极管放大倍数和频率等。一般分为数字式万用表[图 1.2.28(a)]和机械式万用表[图 1.2.28(b)]。在无人机组装与调试、维修过程中经常需要测量锂电池电压、飞控电源输入电压、电调 EBC 电压、摄像头电压、图传电压、线路通断和分电板分电情况等。

(a) 数字式万用表　　　　　　　(b) 机械式万用表

图 1.2.28　万用表

12. 电烙铁

电烙铁,用来焊接电子元件和导线,在电子制作及维修过程中是必不可少的工具。按机械结构不同,分为外热式和内热式;按功能不同,分为无吸锡电烙铁和吸锡式电烙铁;按用途不同,分为大功率电烙铁和小功率电烙铁。其选用方法主要根据功率大小和烙铁头形状来选择。

电烙铁有 20 W、50 W、75 W、100 W、200 W 等不同规格。制作无人机时,根据焊点的大小来选择不同功率的电烙铁,焊接小的连接线一般使用 20～50 W 的电烙铁,焊电池或稍大的金属件至少要用 50 W 以上的电烙铁,如图 1.2.29 所示。另外,还需配备焊锡丝、松香和专用助焊剂。有锈的焊接物必须用砂纸、钢锉打磨去锈,并事先镀好锡,然后再焊接,这样容易焊,而且焊点成型良好。焊导线要用松香或专门焊电路的焊剂,用普通焊油会腐蚀电线和电子元件,长时间使用将存在安全隐患。好的焊点光亮无毛刺、无虚焊,焊接后应用酒精清洗焊剂。

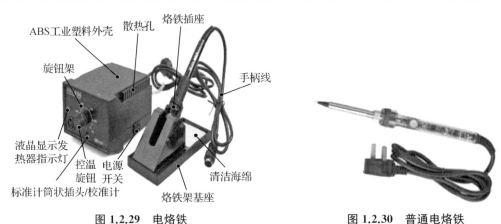

图 1.2.29   电烙铁   图 1.2.30   普通电烙铁

13. 风枪焊台

热风枪,如图 1.2.31(a)所示,又名热风台或热风拆焊台,主要是利用发热电阻丝的枪芯吹出的热风对元件进行焊接与摘取元件的工具。焊台,如图 1.2.31(b)所示,从本质上说,也是电烙铁的一种,只是在电子焊接发展过程中因为焊接技术的发展要求而出现的新的焊接工具,从外观上最明显的区别就是多了一个调温台,性能上的区别主要是温度控制精准、升温快。风枪和焊台组合在一起的叫风枪焊台一体机,如图 1.2.31(c)所示。

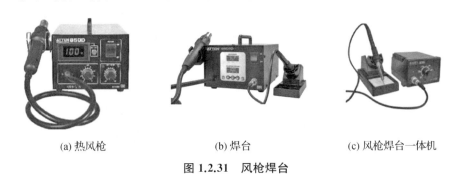

(a) 热风枪   (b) 焊台   (c) 风枪焊台一体机

图 1.2.31   风枪焊台

14. 热熔胶枪

热熔胶枪,如图 1.2.32 所示,是一款非常方便快捷的黏胶工具,比液体胶水最大的优势就是黏固的速度快、效率高,缺点是胶体比较重,对一些对起飞重量有严格要求的无人机来说不太适合。

15. 舵机测试器

舵机测试器,如图 1.2.33 所示,主要用来检测舵机的虚位、抖动和中位,也可用来测量无刷电机的接线和转向的对应关系。

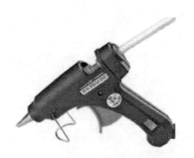

图 1.2.32 热熔胶枪

图 1.2.33 舵机测试器

16. 桨平衡器

螺旋桨装在无人机上高速旋转,转速高达数万转每分钟,如果桨的平衡性不好,会影响飞行平稳性,产生振动、噪声等。因此,桨的动平衡和静平衡非常重要,好的静平衡是动平衡的基础。桨平衡器,如图 1.2.34 所示,可以用来检测桨叶的静平衡。理想的静平衡状态是螺旋桨无论处于任意角度均能自行静止,如果某桨叶静止时一边的位置总是"下沉",即应找出这个桨叶两边的差异,并且进行修正、再试,直到合格。

图 1.2.34 桨平衡器

任务三 无人机机械装配工艺

一、机械连接技术

1. 铆接

铆接的优点:

① 使用工具机动灵活、简单、价廉。

② 适用于较复杂结构的连接。

③ 连接强度较稳定可靠。

④ 操作工艺易掌握。

⑤ 容易检查和排除故障。

⑥ 适用于各种不同材料之间的连接。

铆接的缺点：

① 容易引起变形，蒙皮表面不够平滑。

② 普通铆接的疲劳强度低且密封性能差。

③ 劳动强度大，生产效率低，劳动条件差。

④ 增加了结构重量和强度。

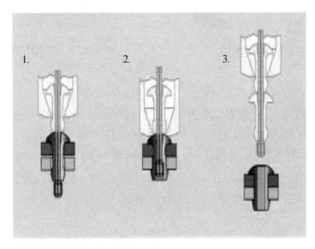

图 1.3.1　铆接

2. 螺纹连接

图 1.3.2　螺纹紧固件

螺纹连接是无人机装配的主要连接形式之一，具有强度高、可靠性好、构造简单、安装方便、易于拆卸的特点。常用的螺纹紧固件如图 1.3.2 所示。螺纹连接应用于无人机承力结构部位的连接，尤其在大部件对接，如机翼与机身的对接多采用高强度的重要螺栓。还有一些需要经常或定期拆卸的结构，如可卸壁板、口盖、封闭结构的连接，以及易损结构件，如前缘、翼尖的连接，常采用托板螺母连接的方式，能很好地解决工艺性、检查维修和便于更换的问题。

（1）普通螺栓连接［图 1.3.3（a）］：被连接件不太厚，螺杆带钉头，通孔不带螺纹，螺杆穿过通孔与螺母配合使用。装配后孔与杆间有间隙，并在工作中不能消失，结构简单，装拆方便，可多个装拆，应用较广。

（2）精密螺栓连接［图 1.3.3（b）］：装配后无间隙，主要承受横向载荷，也可作定位用，采用基孔制配合铰制孔螺栓连接。

（3）双头螺栓连接［图 1.3.3（c）］：螺杆两端无钉头，但均有螺纹，装配时一端旋入被连接件，另一端配以螺母。适用于常拆卸而被连接件之一较厚时。拆装时只需拆螺母，而不将双头螺栓从被连接件中拧出。

（4）螺钉连接［图 1.3.3（d）］：适用于被连接件之一较厚（上带螺纹孔）时，不需经常装拆,一端有螺钉头,不需螺母,适于受载较小情况。

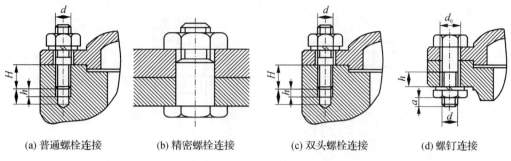

| (a) 普通螺栓连接 | (b) 精密螺栓连接 | (c) 双头螺栓连接 | (d) 螺钉连接 |

图 1.3.3　螺纹连接

（5）紧定螺钉连接（图1.3.4）:拧入后,利用杆末端顶住另一零件表面或旋入零件相应的缺口中以固定零件的相对位置。可传递不大的轴向力或扭矩。

（6）特殊连接:地脚螺栓连接［图1.3.5(a)］,吊环螺钉连接［图1.3.5(b)］。

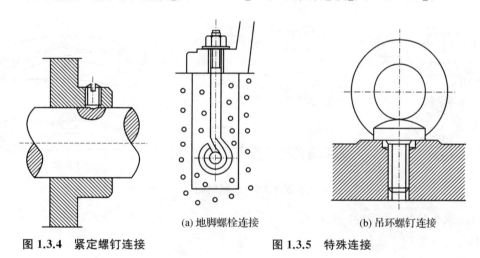

| | (a) 地脚螺栓连接 | (b) 吊环螺钉连接 |

图 1.3.4　紧定螺钉连接　　　　图 1.3.5　特殊连接

（7）螺纹连接摩擦防松:双螺母、弹簧垫圈、尼龙垫圈、自锁螺母等。

（8）自锁螺母:螺母一端做成非圆形收口或开峰后径面收口,螺母拧紧后收口胀开,利用收口的弹力使旋合螺纹间压紧。或在螺母中预置弹性橡胶圈。

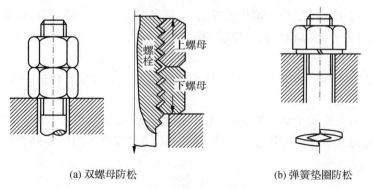

| (a) 双螺母防松 | (b) 弹簧垫圈防松 |

图 1.3.6　螺纹连接摩擦防松

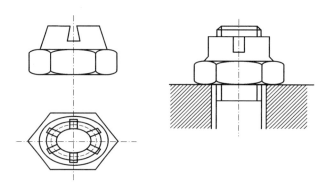

图 1.3.7　自锁螺母防松

（9）机械防松：开槽螺母与开口销，圆螺母与止动垫圈，弹簧垫片，轴用带翅垫片，止动垫片，串联钢丝等，如图 1.3.8 所示。

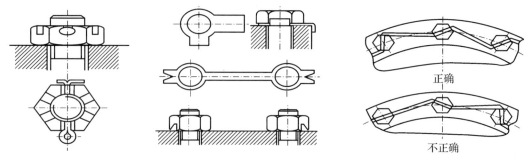

正确

不正确

图 1.3.8　机械防松

（10）永久防松：端铆、冲点、点焊。

（11）化学防松：黏合。

3. 焊接技术

焊接，也称作熔接、镕接，是一种以加热、高温或者高压的方式接合金属或其他热塑性材料如塑料的制造工艺及技术。焊接通过下列三种途径达成接合的目的。

（1）熔焊

加热欲接合之工件使之局部熔化形成熔池，熔池冷却凝固后便接合，必要时可加入熔填物辅助，它是适合各种金属和合金的焊接加工，不需压力。

（2）压焊

焊接过程必须对焊件施加压力，属于各种金属材料和部分金属材料的加工。

（3）钎焊

采用比母材熔点低的金属材料做钎料，利用液态钎料润湿母材，填充接头间隙，并与母材互相扩散实现链接焊件。适用于各种材料的焊接加工，也适用于不同金属或异类材料的焊接加工。

4. 胶接技术

（1）工艺流程

制订方案—选定黏合剂—初清—制备黏接接头—黏接件表面处理—黏合剂的调配—涂胶—固化—清理—检查—转序—包装入库。

（2）工艺要求

黏接工艺的基本要求：平、干、净、匀、够。

平：黏接面要平整。

干：清洗过后一定要自然晾干、烘干，切莫用手摸。

净：接触面的黏面一定要干净，不能有油污、铁锈、灰尘。

匀：涂胶要均匀。

够：压力要够，受压一定要垂直和保持中心，以免打滑。

5. 复合材料结构装配连接方法

（1）机械连接

复合材料的机械连接是指将复合材料被连接件局部开孔，然后用铆钉、销钉和螺栓等将其紧固连接成整体。在复合材料的连接中，机械连接仍是主要的连接方法。

机械连接的优点：

① 连接的结构强度比较稳定，能传递大载荷。

② 抗剥离能力强，安全可靠。

③ 维修方便，连接质量便于检查。

④ 便于拆装，可重复装配。

机械连接的缺点：

① 复合材料结构件装配前钻孔困难，刀具磨损快，孔的出口端易产生分层。

② 开孔部位引起应力集中，强度局部降低，孔边易过早出现挤压破坏。

③ 金属紧固件易产生电化学腐蚀，需采取防护措施。

④ 复合材料结构在实施机械连接过程中易发生损伤。

⑤ 增加紧固件或铆钉的重量，连接效率低。

（2）胶接

复合材料的胶接是指借助黏合剂将胶接零件连接成不可拆卸的整体，是一种较实用、有效的连接工艺技术，在复合材料结构连接中应用较普遍。

胶接连接的优点：

① 表面光滑，外观美观，工艺简便，操作容易，可缩短生产周期。

② 不会因钻孔和焊点周围应力集中而引起疲劳龟裂。

③ 胶层对金属有防腐保护作用，可以绝缘，防止电化学腐蚀。

④ 胶接件通常表现出良好的阻尼特性，可有效降低噪声和振动。

⑤ 可以减轻结构重量，提高连接效率。

胶接连接的缺点：

① 质量控制比较困难，并且不能检测胶接强度。

② 胶接性能受环境（湿、热、腐蚀介质）的影响。

③ 被胶接件必须进行严格的表面处理。

④ 存在一定的老化问题。

⑤ 胶接连接后一般不可拆卸。

（3）混合连接

将胶接与机械连接结合起来，从工艺技术上严格保证两者变形一致、同时受载，其承载能力和耐久性将会大幅度提高，可以排除两种连接方法各自的固有缺点。混合连接主要用于提高破损安全性、胶接连接的维修、改善胶接剥离性能等。

二、电气装配工艺

1. 一般要求

2. 工具要求

3. 物料拿取作业标准

（1）元器件拿取

① 手指（或身体上任何暴露部位）避免与元件引脚、印制板焊盘接触，以免引脚、焊盘黏上人体分泌的腐蚀性液体，影响焊接的质量和可靠性。

② 大元件或组件（如组件）拿取时应拿住能支撑整个元件重量的外壳，如图 1.3.9 所示，而不能抓住引线之类的脆弱部位来提起整个元件。

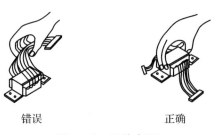

错误　　　　　　　　正确

图 1.3.9　元件拿取

③ 个别特殊部件在拿取时应按要求进行拿取或使用专用的辅助工具。

（2）PCB 组件拿取

① PCB 组装件如有用螺丝紧固的金属件如散热片、支架等，拿取时应以这些金属件、支架受力部位。

② 如有辅助工具一定要严格按要求使用辅助工具拿取。

③ 通常情况下 PCB 板上的元件或导线不能作为抓拿部位。

4. 插排线作业规范

（1）排线插入时要平衡插入，要插正、插紧。

（2）带扣位或带锁的排线要扣到位，要锁紧。

（3）连接件的插针不可插歪。

5. 剪钳作业规范

（1）扎线剪切作业要求：扎线保留线头长度，$2\ mm \leqslant L \leqslant 5\ mm$，如图 1.3.11 所示。

错误示范

正确示范

图 1.3.10　插排线作业规范

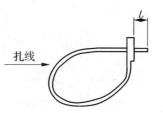

图 1.3.11　扎线

（2）线头平齐，如图 1.3.12 所示。

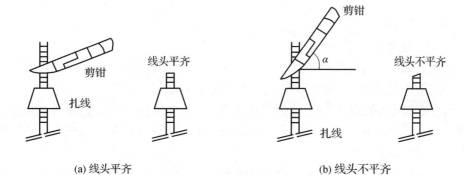

(a) 线头平齐　　　　　　　　　　(b) 线头不平齐

图 1.3.12　线头平齐

（3）剪扎线不能剪断、剪伤任何导线，如图 1.3.13 所示。

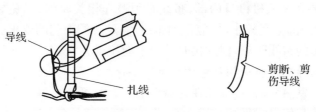

图 1.3.13　剪扎线

（4）剪元件引脚作业标准：

① 如元件引脚的直径 <0.7 mm 时，元件引脚的长度 L 为 2 mm$\leqslant L \leqslant 3$ mm。

② 如元件引脚的直径 $\geqslant 0.7$ mm 时，元件引脚的长度 L 为 2 mm$\leqslant L \leqslant 5$ mm。

如图 1.3.14 所示。

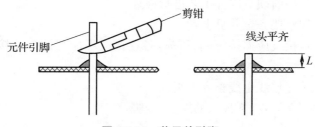

图 1.3.14　剪元件引脚

（5）剪钳刀刃要锋利。

元件脚未剪断时剪钳不能回扯，以免铜箔剥离电路，如图1.3.15所示。

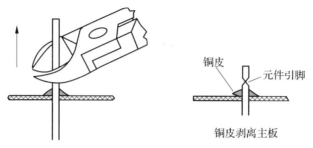

图1.3.15　剪元件引脚

6. 连接导线选择

导线选用一般遵循以下三个原则。

（1）近距离和小负荷按发热条件选择导线截面（安全载流量），用导线的发热条件控制电流，截面积越小，散热越好，单位面积内通过的电流越大。

（2）远距离和中等负荷在安全载流量的基础上，按电压损失条件选择导线截面。远距离和中等负荷仅仅不发热是不够的，还要考虑电压损失，要保证到负荷点的电压在合格范围内，电器设备才能正常工作。

（3）大负荷在安全载流量和电压降合格的基础上，按经济电流密度选择，还要考虑电能损失，电能损失和资金投入要在最合理范围内。

7. 布线原则

元器件布线主要在无人机机身内部，布线必须遵守相关原则，以免导线相互干扰，尤其是对于微型无人机，内部空间较小，更应仔细布线，满足装配工艺的要求。

（1）应选择最短的布线距离，但连接时导线不能拉得太紧。

（2）不同种类的导线应避免相互干扰和寄生耦合。

（3）导线应远离发热元器件，不能在元器件上方近距离走线。

（4）电源线不能与信号线平行。

（5）埋线应保持方向一致、美观，扎线应扎紧，并且扎带之间保持一定的间距。所有线材都应尽量捆扎在扎带内，扎结朝向一致。

其余未尽事宜可查阅相关标准。

8. 无人机内部工艺检查

（1）在完成组装工序前须对内部工艺进行检查。

（2）检查内部各螺丝要齐全并且上紧。

（3）检查机内各连接线应插接牢固、可靠，各连接线不能与散热片接触（预防过热致使熔坏线材）。

（4）检查内部工艺连接线走线整齐美观。

（5）检查成品内部无异物（无掉入的螺丝、线脚等）。

9. 无人机外部检查

（1）检查机身外观不应有污迹、脏印迹等不良现象。

（2）检查机身表面不应有脱漆、划花、毛刺等不良现象。

（3）检查电源键、功能按钮等无卡死、偏斜、手感不良等现象。

（4）检查旋钮、按键无卡死、手感不良等现象。

三、电子元器件焊接工艺

1. 锡焊基本知识

锡焊是利用低熔点的金属焊料加热熔化后，渗入并充填金属件连接处间隙的焊接方法。因焊料常为锡基合金，故名锡焊。常用烙铁作加热工具。广泛用于电子工业中。

2. 焊接材料

（1）锡铅合金焊料

焊锡是连接元器件与线路板之间的介质，在电子线路的安装和维修中经常用到的焊锡是由锡和铅两种金属按一定比例融合而成的，其中锡所占的比例稍高。纯锡为银白色，有光泽，富有延展性，在空气中不易氧化，熔点为 232 ℃。锡能与大多数金属融合而形成合金。但纯锡的材料呈脆性，为了增加材料的柔韧性和降低焊料的熔点，必须用另一种金属与锡融合，以缓和锡的性能。

（2）助焊剂

助焊剂在焊接工艺中能帮助和促进焊接过程。助焊剂的主要作用如下。

① 破坏金属氧化膜使焊锡表面清洁，有利于焊锡的浸润和焊点合金的生成。

② 能覆盖在焊料表面，防止焊料或金属继续氧化。

③ 增强焊料和被焊金属表面的活性，降低焊料的表面张力。

④ 焊料和焊剂是相熔的，可增加焊料的流动性，进一步提高浸润能力。

⑤ 能加快热量从烙铁头向焊料和被焊物表面传递。

⑥ 合适的助焊剂还能使焊点美观。

助焊剂分为无机类、有机类和树脂类。

（3）阻焊剂

在浸焊和波峰焊中，要求焊料只在规定的焊点上进行焊接，其他不需要焊接的地方就要隔离，因此，这就需要通过阻焊剂来实现。阻焊剂是一种耐高温的涂料。阻焊剂一般是覆盖印制电路板的板面，起到保护作用，防止印制电路板受到热冲击或机械损伤；同时，防止了短路、虚焊的情况，可以有效提高焊接效率和质量。

3. 手工焊接技术

（1）电烙铁的握法

电烙铁要拿稳对准，一般有三种握法，如图 1.3.16 所示，具体选择哪种握法根据实际的焊接情况确定。

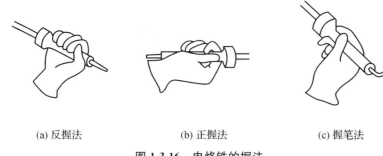

(a) 反握法　　　　　(b) 正握法　　　　　(c) 握笔法

图 1.3.16　电烙铁的握法

（2）焊锡丝的拿法

焊锡丝一般有两种拿法，即连续锡丝拿法和断续锡丝拿法。

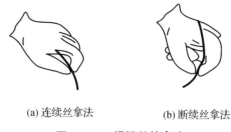

(a) 连续丝拿法　　　　　(b) 断续丝拿法

图 1.3.17　焊锡丝的拿法

（3）焊接五步法

手工焊接一般采用五步法，如图 1.3.18 所示。

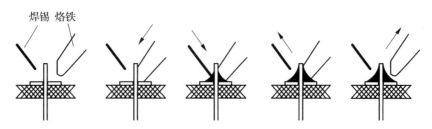

图 1.3.18　焊接五步法

锡丝成分中含铅，而铅是对人体有害的重金属，因此操作时应戴手套或操作后洗手，避免食入；同时，人的鼻子应距离电烙铁不小于 30 cm 或配置抽风吸烟罩。

另外，使用电烙铁要配置烙铁架，一般放置在工作台右前方；电烙铁用后一定要稳妥放于烙铁架上，并注意导线等物不要触碰烙铁头。

4. 焊接质量

（1）焊点质量要求

对焊点的质量要求主要从电气连接、机械强度和外观三方面考虑。良好的焊点应具有可靠的电气连接性能，应避免出现虚焊、桥接及脱焊等。

① 电气连接可靠。

② 机械强度足够。

③ 外观平整、光洁。

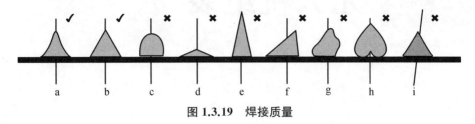

图 1.3.19　焊接质量

（2）焊接质量检验

① 目视检查。

② 手触检查。

③ 通电检查。

（3）常见焊点的缺陷及分析

造成焊接缺陷的原因很多，在材料、工具一定的情况下，采用什么样的方法是较大的影响因素。在接线端子上焊导线时常见的缺陷如图 1.3.20 所示。

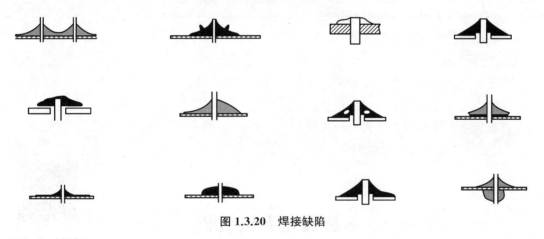

图 1.3.20　焊接缺陷

5. 焊接的注意事项

一般焊接的顺序是先小后大、先轻后重、先里后外、先低后高、先普通后特殊的次序焊装。即先焊分立元件，后焊集成块。对外连线要最后焊接。

项目二 无人机组装

【项目导读】》》》》

要让设计好的无人机安全飞行,按规定正确组装无人机是不可或缺的。由于无人机应用场景不同、构型不同,不同无人机的安装要求和安装步骤存在很大差异。本项目详述了多旋翼无人机组装步骤、无人直升机组装步骤和固定翼无人机组装步骤。

【知识目标】》》》》

掌握多旋翼无人机组装要点。

掌握无人直升机组装要点。

掌握固定翼无人机组装要点。

【技能目标】》》》》

能独立完成多旋翼无人机的组装。

能独立完成无人直升机的组装。

能独立完成固定翼无人机的组装。

任务一 多旋翼无人机组装

【扫码观看视频】

一、多旋翼无人机的组成

多旋翼无人机一般由机架、动力系统、飞控系统、遥控装置和任务载荷等模块组成。如图 2.1.1 所示为多旋翼无人机组成结构框图。

（1）机架

机架,指多旋翼无人机的机身,是多旋翼无人机其他结构的安装基础,起承载作用。

根据旋翼轴数可分为三轴、四轴、六轴、八轴甚至是十八轴等。根据发动机个数可分为三旋翼、四旋翼、六旋翼、八旋翼甚至十八旋翼等。轴数和旋翼数一般情况下是相等的,但

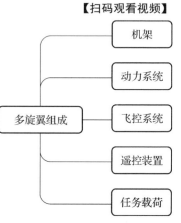

图 2.1.1 多旋翼无人机的组成结构

也有特殊情况,如三轴六旋翼是在三轴每个轴上、下各安装一个电机构成六旋翼。

（2）动力系统

动力系统,是指为无人机飞行提供动力的系统。目前多旋翼无人机采用的动力系统一般分为电动系统和油动系统。在民用和商用领域,多旋翼无人机常用的是电动系统。电动系统一般由电池、电机、电调和螺旋桨组成。

（3）飞控系统

无人机飞控系统是控制无人机飞行姿态和运动的设备,由传感器、机载计算机和执行机构三大部分组成。

飞控中一般集成了高精度的感应器元件,包括陀螺仪、加速度计、角速度计、气压计、GPS、指南针、控制电路等。

多旋翼无人机常用的飞控主要有 F3 飞控、A2 飞控、NAZA 飞控、A3 飞控。

（4）遥控装置

遥控装置一般指地面上可以对无人机发出指令以及接受无人机传回信息的设备,它的硬件可以是一个遥控器,也可以是一部手机,或一台笔记本电脑。

在多旋翼无人机的应用中,遥控器是最常见的一种遥控装置。

遥控器集成了数传电台,通过控制摇杆的舵量向无人机发出控制信号,以此实现对无人机的控制。

遥控器分美国手和日本手,区别在于一个是左手油门一个是右手油门。

通常遥控器可以控制无人机飞行姿态如俯仰运动、滚转运动、偏航运动和控制油门增减无人机飞行动力。

（5）任务载荷

任务载荷,是指装备到无人机上用以实现无人机飞行所要完成的特定任务的设备、仪器和分系统,统称为无人机的任务载荷。无人机系统升空执行任务,通常需要搭载任务载荷。

任务载荷一般与侦察、武器投射、通信、遥感或货物有关。无人机的设计通常围绕所应用的任务载荷进行。常用的任务载荷有图传及云台:

① 图传,是指无线图像传输,提供机载设备的无线图像系统的数据链路通道,负责记载图像采集数据,实时无损/有损地传输到地面接收设备上,供实时观察和存储,以及图像分析等后续工作。

② 云台,是指安装、固定摄像机的支撑设备,主要的作用是防止拍摄画面抖以及控制云台转动角度改变拍摄角度。

1—机架;2—电机;3—GPS;4—螺旋桨;5—飞控;
6—接收机;7—电调;8—图传;9—分电板;
10—云台相机;11—电池;12—遥控器

图 2.1.2　多旋翼无人机硬件清单

二、多旋翼无人机的组装步骤

多旋翼无人机的内部结构相对简单,组装的过程有很多相似性,建议一般的组装步骤为:

（1）机架的组装

（2）动力系统的组装

（3）飞控系统的组装

（4）遥控装置的组装和任务载荷的组装等

在不影响飞行性能的前提下，部分组装顺序可适当调整，不同的多旋翼无人机产品，其组装步骤可能会要求两个或两个以上的系统并行组装。

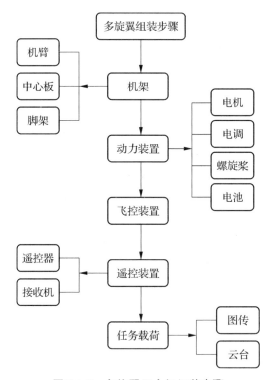

图 2.1.3　多旋翼无人机组装步骤

三、多旋翼无人机机架系统的组装

机架，通常由机臂、中心板和脚架等部分组成。

1. 旋翼轴数

按旋翼轴数一般分为四旋翼无人机、六旋翼无人机和八旋翼无人机等。

四旋翼无人机　　　　六旋翼无人机　　　　八旋翼无人机

图 2.1.4　按旋翼轴数分类

2. 机架轴距

轴距是指机架对角线两个电机或者桨叶中心的距离,机架按轴距一般分为 180 无人机、250 无人机和 450 无人机等。

QAV180　　　　　　　　QAV250　　　　　　　　F450

图 2.1.5　按机架尺寸分类

3. 机架布局

常见的机架布局有 X 型、I 型、V 型、Y 型和 IY 型等。

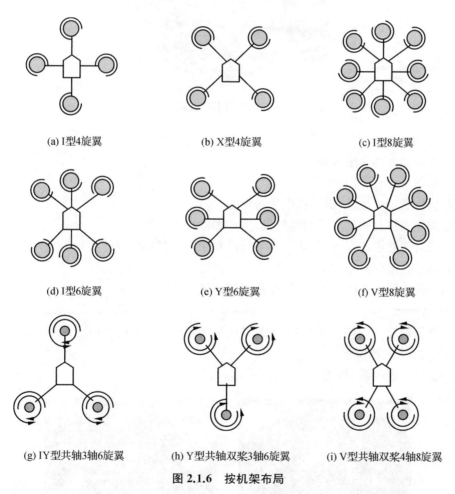

(a) I型4旋翼　　　　　　(b) X型4旋翼　　　　　　(c) I型8旋翼

(d) I型6旋翼　　　　　　(e) Y型6旋翼　　　　　　(f) V型8旋翼

(g) IY型共轴3轴6旋翼　　(h) Y型共轴双桨3轴6旋翼　　(i) V型共轴双桨4轴8旋翼

图 2.1.6　按机架布局

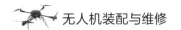

4. 机架材质

按机架材质一般有以下几种。

（1）塑料：比较适合初学者，价格便宜。

（2）玻璃纤维：相比塑料机架，玻纤强度高、重量轻、价格贵，中心板多用玻纤，机臂多用管型。

（3）碳纤维：相比玻纤机架，碳纤维机架强度更高、价格更贵。

（4）铝合金/钢：适合自己制作。

5. 机架的组装步骤

以 F450 多旋翼无人机为例，介绍其组装步骤，机架的组成如图 2.1.7 所示。

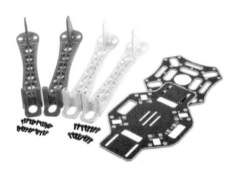

图 2.1.7　F450 机架

（1）注意事项

① 检查机架零部件是否缺少。

② 零部件是否有破损、变形。

③ 螺丝数量是否足够、螺丝长度是否合适。

④ 正常使用符合螺丝规格的螺丝批，防止螺丝滑丝。

⑤ 焊接时注意不能有虚焊，防止在飞行过程中因为抖动而导致接口松动。

⑥ 上螺丝时按照对角线原则拧螺丝，待所有螺丝上完再拧紧。

⑦ 同颜色机臂装在同一侧，方便飞行时辨认机头方向。

（2）组装步骤

① 将电调的输入端两根电源线分别焊接到中心板（分电板）的正极（红线）和负极（黑线）上，如图 2.1.8 左图所示。

② 焊接动力电源线，如图 2.1.8 右图所示。

图 2.1.8　电调、动力电源焊接

③ 使用万用表检查电路是否连通。

④ 按照顺序把四个机臂安装在中心板上，同色机臂在同一侧。如图 2.1.9 所示。

⑤ 安装云台脚架，如图 2.1.9 所示。

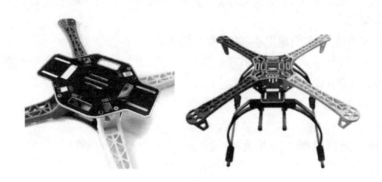

图 2.1.9　安装机架、云台脚架

四、多旋翼无人机动力系统的组装

电动系统和油动系统的多旋翼无人机各具特点，应用场合和性能特性也有区别，下面以电动系统为例介绍多旋翼无人机的组装。

电动系统是将化学能转化为电能再转化为机械能，为无人机飞行提供动力的系统，一般由电池、电子调速器、电动机和螺旋桨组成。

1. 电池

（1）标称电压

电池的电压是用伏特（V）来表示的。标称电压是厂家按照国家标准标示的电压，实际使用时电池的电压是不断变化的。一般说一组或一个电池的电压都是标称电压，如锂聚合物电池，标称电压一般为 3.7 V，但使用中的实际电压往往是高于或低于这个标称电压的，锂聚合物单块电芯电池正常使用的最低电压是 2.7 V，最高电压是 4.2 V，不同种类电池的截止电压不同。

（2）电池容量

电池的容量是用毫安·时（mA·h）来表示的。它的意思是电池在 1h 内可以放出或充入的电流量。

例如，1 000 mA·h 就是这个电池能保持 1 000 mA（1 A）放电 1 h。但是电池的放电并不是线性的，所以不能说这个电池在 500 mA 时能维持 2 h。不过电池的小电流放电时间总是大于大电流放电时间的，所以可以近似算出电池在其他电流情况下的放电时间。

某些厂家生产的电池标称电量往往高于它的实际电量。

（3）充/放电倍率

① 放电倍率：电池的放电能力是以倍数，即放电倍率（C）来表示的，即按照电池的标准容量可达到的最大放电电流。

此外，放电电流不但和放电倍率有关，还和容量相关，因此放电倍率小的电池有可能比放电倍率大的放电电流还要大。不论何种电池，放电倍率越大，寿命越短。

② 充电倍率:一般用于充电时限制最大充电电流,以免充电电流过大损害电池使用寿命,计算方法与放电电流相同、也用(C)来表示。

C 的倒数是电池放完电所用的时间,单位为 h。

不能用低 C 的电池大电流充放电,这样会使电池迅速损坏,甚至自燃。

(4)串联并联数

经常用"XSXP"表示多少电芯并联或串联的情况。

XS(serice,串联)代表电池组中串联电池的个数,如 3S 代表内有 3 个电芯串联。

XP(parallel,并联)代表并联电池的个数。

因此,2 100 mA·h 电芯名为 3S4P 的电池组共有 12 个电芯。

(5)循环寿命

电池的循环寿命一般指充满并放光一次电,即充电周期的循环数。

锂电池的寿命一般为 300～500 个充电周期。

(6)电池使用注意事项

① 禁止反向充电。

② 新的锂电池组充电之前,应逐个检查电芯的电压。

③ 尽量减少快速充电的次数。

④ 必须等锂电池完全冷却后才能充电,否则会严重损坏电池;刚用过的锂电池会有余温,即使表而已完全冷却,内部依然有一定余温。因此,应至少静置锂电池 40 分钟以上再充电。

⑤ 考虑安全,充电时尽量使用防爆袋。

⑥ 切勿充电时无人看守。

⑦ 放在阻燃材料上充电,着火时可以避免其他物体燃烧,减少损失。

⑧ 放电电流不得超过说明书规定的最大放电电流。

⑨ 充电电流不得超过说明书规定的最大化充电电流。

⑩ 充电电压不得超过规定的限制电压,通常 4.2 V 为每个电芯充电电压的上限。

⑪ 充电温度:电池必须在产品说明规定的环境温度在范围内进行充电,否则电池易受损坏。当发现电池表面温度异常超过 50 ℃时,应立即停止充电。

⑫ 放电温度:电池必须在说明书规定的工作温度范围内放电。

⑬ 过放电:锂电池电压低于 2.75 V 就属于过度放电。

⑭ 如果不需供电,一定要断开电调上的插头,以免电池发生漏电情况。

⑮ 要想发挥锂电池的最大效能,就要经常使用它,让电池内的电子始终处于流动状态。锂电池深度放电的程度越小,使用的时间越长,如果有可能,应尽量避免完全充放电。

(7)储存

电池应放置在阴凉的环境下储存,长期存放电池(超过 3 个月)时,建议置于温度为 10～25 ℃且无腐蚀性气体的环境中。电池在长期贮存过程中,应每 3 个月充放电一次以保持电池活性,并保证每个电芯电压在 3.7～3.9 V 范围内。

(8)选用原则

① 电池输出电流一定要大于电动机的最大电流。

② 电动机工作电压由电调决定,而电调电压由电池输出决定,所以电池的电压要等于或小于电动机的最大电压。

③ 电池电压不能超过电调最高承载电压。

④ 电池的放电电流达不到电调的电流时,电调就发挥不了最高性能,而且电池会发热,产生爆炸,所以一般要求电池的持续输出电流大于电调的最大持续输出电流。

⑤ 电池容量与无人机续航能力密切相关,电池容量越大,续航能力越强。

（9）电池与机架常用搭配

表 2.2.1　电池与机型搭配

机型	常用电池配制
QAV180	3S 1 300 mA·h 25C/45C
QAV250	3S 2 200 mA·h 25C/45C
F330	3S 2 600 mA·h 25C/45C
F450	3S 3 300 mA·h 25C/45C

2. 电动机

（1）无刷电动机工作原理

无刷电动机在电磁结构上与有刷直流电动机一样,但其电枢绕组放在定子上,转子上安装永磁铁。电动机的电枢绕组一般采用多相形式,经由驱动器接到直流电源上,定子采用电子换向代替有刷电动机的电刷和机械换向器,依靠改变输入到无刷电动机定子线圈上的电流频率和波形,在绕组线圈周围形成一个绕电动机几何轴心旋转的磁场,这个磁场驱动转子上的永磁铁转动,和转子磁极主磁场相互作用产生转矩使电动机旋转。

（2）无刷电动机参数

某无刷电动机 X2212 参数见表 2.2.2。

表 2.2.2　X2212 参数表

参数名称	KV980	KV1250	KV1400	KV2450
定子外径(mm)	22	22	22	22
定子厚度(mm)	12	12	12	12
定子槽数	12	12	12	12
定(转)子级数	14	14	14	10
电动机型号	980	1 250	1 400	2 450
空载电流(A)	0.3	0.6	0.9	1.6
电动机电阻(mΩ)	133	79	65	32
最大连续电流(A/s)	15/30	25/10	28/15	40/30
最大连续功率(W)	300	390	365	450
质量(含长线)(g)	58.5	58	59	57
转子直径(mm)	27.5	27.5	27.5	27.5
出轴直径(mm)	3.175	3.175	3.175	3.175
电动机长度(mm)	30	30	30	30

参数名称	KV980	KV1250	KV1400	KV2450
电动机含轴长度(mm)	32	32	32	32
最大电池节数	2～4	2～4	2～4	2～3
建议使用电调规格(A)	20	30	30	40
推荐螺旋桨规格	APC8038，APC9047，APC1047，GWS8043，APC8038	APC8060，APC9047，APC9045，APC9060	APC9047，APC9045，APC8060，APC8038，APC7062	AOC6040
适用多旋翼飞行器的质量(g)	300(3S 1038/1047,4S 8038/8043/8045/9047)	—	—	尾推特技机 550 (3S 6040)

（3）选用原则

电动机与机架常用配制见表2.2.3。

表 2.2.3　电动机与机架常用配置

机架尺寸(mm)	常用电机 KV 值
350～450	1 000 左右
250	2 000 左右
180	3 000 左右

3. 电子调速器

电子调速器,简称电调,是控制电动机转速的调速器,必须与电动机相匹配。

（1）电调的作用

① 电调最基本的功能就是通过飞控板给定 PWM 信号进行电动机调速。

② 电调为遥控接收机上其他通道的舵机供电。

③ 电调为飞控供电。

④ 充当换相器的角色,因为无刷电动机没有电刷进行换相,所以需要靠电调进行电子换相。

⑤ 电调还有一些其他辅助功能,如电池保护、启动保护和刹车等。

（2）电调的选择

常用的电调品牌有好盈、花牌和银燕等。某企业生产的电调型号及其参数见表2.2.4。

表 2.2.4　电调型号及参数

型号	持续工作电流(A)	瞬时电流(A)	适用锂电节数	长×宽×高（mm）	质量(g)	线性
ESC-3A	3	4	1	11×13×4	0.7	N/A
ESC-7A	7	9	1～2	22×12×5	5	1 A/5 V
ESC-12 A	12	15	1～3	22×17×7	8	1 A/5 V

续　表

型号	持续工作 电流（A）	瞬时 电流（A）	适用锂 电节数	长×宽× 高（mm）	质量(g)	线性
ESC-20 A	20	25	2～3	55×28×7	28	2A/5 V
ESC-25 A	25	30	2～4	50×28×12	31	2 A/5 V
ESC-30 A-Ⅰ	30	40	2～4	50×28×12	34	2 A/5 V
ESC-30A-Ⅱ	30	40	2～4	59×28×12	36	3 A/5 V
ESC-35 A	35	45	2～4	59×28×12	38	3 A/5 V
ESC-35 A-UBEC	35	45	2～4	59×28×12	38	开关模式

（3）选用原则

① 在选择电调之前,应比较各品牌电调的性能参数和性价比,选择最合适的电调。

② 电调和电动机要合理匹配。

③ 电调的输出电流必须大于电动机的最大电流。

4. 螺旋桨

（1）螺旋桨的分类

根据材质的不同,桨叶可以分成注塑类、碳纤桨和木桨。

① 注塑桨

注塑桨,是指使用塑料等复合材料制成的桨叶,如图 2.1.10 所示。

图 2.1.10　三叶桨

② 碳纤桨

碳纤桨,是指使用碳纤维制成的桨叶,如图 2.1.11 所示。碳纤维是一种与人造丝、合成纤维类似的纤维状碳材料。碳纤维的材料有优异的硬度,可制成合适的桨形,因此非常适合技巧性飞行,其效率优于木桨,价格比木桨更贵。

③ 木桨

木桨,是指使用木材制成的桨叶,硬度高、质量轻,材料多为榉木,经过风干、打蜡、上漆以后不怕受潮,如图 2.1.12 所示。在航空史中,木桨在早期扮演了非常重要的角色。第一次世界大战时期的很多无人机都使用木桨,后来才逐渐被金属桨取代。

图 2.1.11　碳纤桨　　　　　　　　图 2.1.12　木桨

（2）螺旋桨的参数

表 2.2.5　螺旋桨参数

电动机	桨型号	电压(V)	电流(A)	推力(N)	转速(r/min)	功率(W)	效率(g/W)
X2212KV980	1047	11.1	13.2	870	7 100	146.5	5.93
	1145	11.1	17.2	960	5 853	190.9	5.02
	9047	12	11	740	8 400	132	5.6
X2212KV1250	9047	12	19	980	10 050	228	4.29
	9047	11	16.8	800	9 370	184.8	4.33
	9047	10	14.8	660	8 860	148	4.46
X2212KV1400	8040	7	6.5	410	5 600	45.5	9.01
	8040	8.5	7.2	500	6 200	61.2	8.17
	8040	10	10.8	600	6 500	108	5.56

（3）选用原则

在不超负载的情况下，多旋翼无人机可以更换很多不同的螺旋桨。同样可以飞起来，但是飞行效果和续航时间却是大相径庭。螺旋桨选得好，飞行更稳，航拍效果、续航时间都兼得；选得不好，可能效果就相反。

相同的电动机，不同的 KV 值，用的螺旋桨也不一样，每个电动机都会有一个推荐的螺旋桨。相对来说，螺旋桨配得过小，不能发挥最大推力；螺旋桨配得过大，电动机会过热，会使电机退磁，造成电机性能的永久下降。

选择螺旋桨时应考虑以下因素。

① 不同材质的螺旋桨，价格和性能差别较大，根据实际需要，选择最适合的螺旋桨。

② 螺旋桨的型号必须与电动机的型号相匹配，可参考电动机厂家推荐使用的螺旋桨型号。

5. 电机与电调的连接

（1）电调的 3 根输出线与电机的 3 根输入线焊接。

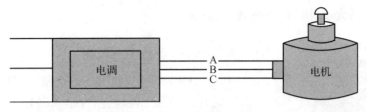

图 2.1.13　电调与电机相连

（2）电调的 2 根输出线与电机的 2 根输入线互换可改变电机的旋转方向。

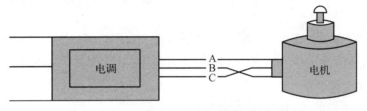

图 2.1.14　电机换向时的连接

（3）连接焊接处要牢固、可靠，不能有虚焊，防止无人机在飞行过程中因为抖动而导致意外。

（4）线缆长度适宜，合理布线，保障无人机外表美观。

（5）所有焊接连接处以及铜线裸露的地方都必须套上热缩管。

（6）为方便替换零部件一般在连接处使用香蕉头连接。

6. 电机的安装

（1）安装电机时无人机机头方向的左上和右下为顺时针（CW）电机，右上和左下为逆时针（CCW）电机。

（2）安装电机时使用的螺丝长度要合适，螺丝过长会顶到电机定子导致烧坏电机，太短不能完全把电机固定锁在机臂上。

（3）保证电机座与机臂连接牢固。飞行中电机座松动，造成电机偏转也是炸机的重要原因之一。

（4）电机安装好后要校正水平，电机不平会使多轴无人机的稳定性大大降低。

图 2.1.15　电机的安装

7. 螺旋桨的安装

（1）螺旋桨一般在飞行前才安装。

（2）安装螺旋桨前一定要分清正桨和反桨。螺旋桨如果装反，起飞时由于受力不平衡，无人机必然会倾覆。

（3）固定螺旋桨的螺帽一定要锁紧。飞行中由于电机的高频振动很容易引起螺丝松动造成射桨，射桨不仅肯定会造成炸机，也可能会对飞手和其他人的生命安全造成威胁。

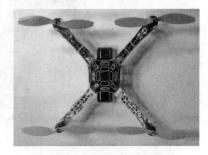

图 2.1.16　螺旋桨的安装

五、多旋翼无人机飞控系统的组装

图 2.1.17　PIXHAWK 飞控

1. PIXHAWK 飞控介绍

PIXHAWK 飞控,如图 2.1.17 所示,是一款基于 32 位 ARM 芯片的开源飞控,其前身是 APM。

最初采用的是分体式的设计即 PX4,PX4 系列可以单独使用 PX4FMU,但是接线很复杂,也可以配合输入输出接口板 PX4IO 来使用,但是因为没有统一的外壳,不好固定。

之后通过 PX4 系列的经验,厂商简化了结构,把 PX4FMU 和 PX4IO 整合到一块板子上,并加上了骨头形状的外壳,优化了硬件和走线之后合并成一个整体形成现在的 PIXHAWK。

2. 飞控组成

PIXHAWK 飞控的零部件组成如图 2.1.18 所示。

1—附带 SD 卡的 PIXHAWK;2—蜂鸣器;3—安全开关;4—SD 卡;5—USB 连接线;6—六线制连接线×2;
7—电源模块;8—I²C 分配器模块;9—四接口 I²C 分配器连接线;10—三线制伺服连接线;11—泡沫双面黏胶

图 2.1.18　PIXHAWK 飞控零部件

PIXHAWK 飞控的接口定义如图 2.1.19 所示。

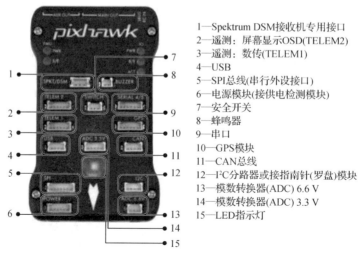

1—Spektrum DSM接收机专用接口
2—遥测:屏幕显示OSD(TELEM2)
3—遥测:数传(TELEM1)
4—USB
5—SPI总线(串行外设接口)
6—电源模块(接供电检测模块)
7—安全开关
8—蜂鸣器
9—串口
10—GPS模块
11—CAN总线
12—I²C分路器或接指南针(罗盘)模块
13—模数转换器(ADC) 6.6 V
14—模数转换器(ADC) 3.3 V
15—LED指示灯

图 2.1.19　PIXHAWK 飞控正面接口介绍

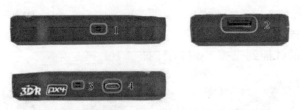

1—输入/输出重置按钮；2—SD卡插槽；3—飞行管理重置按钮；4—Micro-USB接

图 2.1.20　PIXHAWK 飞控前端面和侧面接口介绍

1—接收机输入；2—S.BUS输出；3—主输出；4—辅助输出

图 2.1.21　PIXHAWK 飞控后端面接口介绍

3. 减震座安装

减震座的安装，如图 2.1.22 左图所示。

图 2.1.22　减震座和飞控的安装

（1）把减震球安装在减震板上。

（2）使用 3M 胶把减震座固定在沉金板重心位置上。

4. 飞控安装

飞控的安装，如图 2.1.22 右图所示。

（1）使用 3M 胶将飞控固定在减震座上。

（2）确保飞控上的飞行方向箭头指向无人机机头反向。

（3）为方便拆卸不要整个飞控板都粘上 3M 胶，一般在飞控的四个角粘上部分 3M 胶。

5. 蜂鸣器安装

（1）将蜂鸣器使用 3M 胶固定在机臂上。

（2）将蜂鸣器的线插到飞控的 BUZZER 插口上。

6. 安全开关安装

（1）将安全开关固定在机架上。

（2）将安全开关的线插到飞控 SWITCH 插口上。

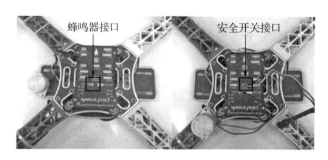

图 2.1.23　蜂鸣器和安全开关的安装

7. 电调杜邦线安装

电调杜邦线的安装，如图 2.1.24 所示。

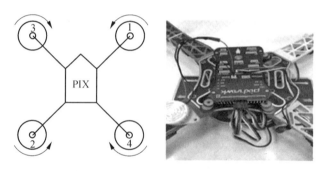

图 2.1.24　PIXHAWK 飞控电调杜邦线接线

（1）杜邦线按照电机编号顺序分别插在飞控 MAIN OUT 的对应编号插口上，电机编号如图 2.1.24 所示。

（2）插线时注意负极在上，信号线在下。

（3）布线要合理，不能互相干扰。

六、多旋翼无人机遥控装置的组装

1. 常见遥控介绍

遥控器各类繁多，遥控接收也有多种类型，目前的遥控器功能越来越强大，目前在市面上的遥控器比较常见的有乐迪、Futaba、睿思凯、天地飞和富斯等。

下面以乐迪 AT9 为例进行介绍。乐迪 AT9 遥控器，它可遥控直升机、固定翼、滑翔机和多旋翼四大类飞行器，通信系统采用抗干扰较强的 DSSS（直接序列扩频系统），功能全面且人性化的菜单设计对初学者与熟练者均适用。

（1）遥控器面板，如图 2.1.25 所示。

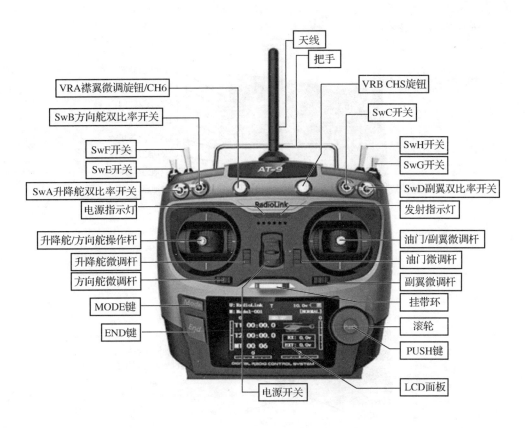

天线

把手

VRA襟翼微调旋钮/CH6

VRB CHS旋钮

SwB方向舵双比率开关

SwC开关

SwF开关

SwH开关

SwE开关

SwG开关

SwA升降舵双比率开关

SwD副翼双比率开关

电源指示灯

发射指示灯

升降舵/方向舵操作杆

油门/副翼微调杆

升降舵微调杆

油门微调杆

方向舵微调杆

副翼微调杆

MODE键

挂带环

END键

滚轮

PUSH键

电源开关

LCD面板

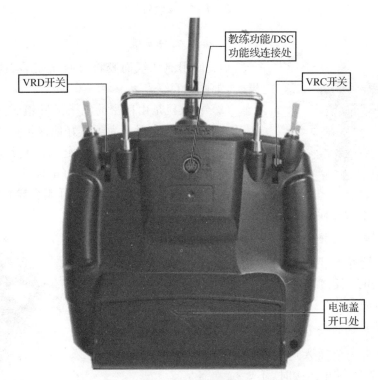

教练功能/DSC
功能线连接处

VRD开关

VRC开关

电池盖
开口处

图 2.1.25　遥控器

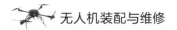

（2）接收机通道定义。

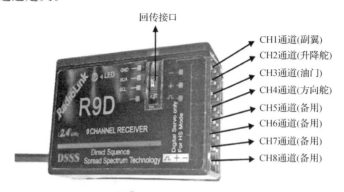

回传接口

CH1通道(副翼)
CH2通道(升降舵)
CH3通道(油门)
CH4通道(方向舵)
CH5通道(备用)
CH6通道(备用)
CH7通道(备用)
CH8通道(备用)

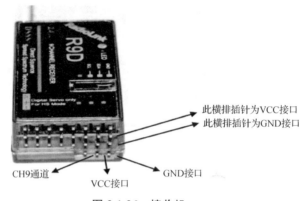

此横排插针为VCC接口
此横排插针为GND接口

CH9通道   VCC接口   GND接口

图 2.1.26　接收机

图 2.1.27　接收机的安装

3. 接收机与飞控接线

在 S.BUS 情况下，用一根杜邦线连接接收机的 S.BUS 插口，另一端连接飞控的 RC 插口，如图 2.1.28 所示。

4. 遥控器电池的安装

将电池插头完全插入遥控器插槽至最底部。当需要断开连接时，不要拉

2. 接收机的安装

（1）使用泡沫双面胶将接收机安装在沉金板或者机臂上，如图 2.1.27 所示。

（2）接收机是由精密的电子部件组成，应避免剧烈的震动并使其远离高温。为了更好地保护接收机，可以使用泡沫或其它吸振材料将其缠绕起来。将接收机放在塑料袋中并用橡皮筋将其扎紧是很好的防水方法。如果不小心有水分或燃料进入到接收机，可能会导致间断性失控甚至坠毁。

S.BUS

图 2.1.28　接收机与飞控的接线

扯电线,而应该握住塑料连接头将其拔下。

5. 接收机天线的安装

(1)一般情况下接收机的天线比较长,安装时不要折断或者将其缩进去,否则将缩短可控制的范围,接收机的天线应尽可能地远离金属物,在飞行之前请执行飞行范围检测。

(2)尽量保证天线笔直,否则将会减小控制范围。

(3)无人机上可能会存在影响信号发射的金属部件,在这种情况下,天线应处于无人机的两侧。这样在任何飞行姿态下都能保持拥有最佳的信号状态。

(4)天线应该尽可能地远离金属导体和碳纤维,至少要有 0.5 英寸(1 英寸=2.54 厘米)的距离,但不能过度弯曲。

(5)尽可能保持天线远离马达、电调和其他可能的干扰源。

6. 发射机的天线安装

(1)发射机的天线是可调整的,因此要确保飞行过程中天线不要直接对着无人机,这可能会减弱接收机信号强度。

(2)保持天线垂直于发射机的表面,能使接收机收到最佳的接收信号。请根据握持发射机的方式调整发射机的天线。

(3)在飞行过程中请不要握住天线,这样会削弱发射机的信号。

七、无线图传设备的组装

1. 图传介绍

无线图像传输系统,简称无线图传,是用作无线图像传输和视频实时传输的设备。无人机图像传输系统就是将天空中处于飞行状态的无人机所拍摄的画面实时稳定的发射给地面无线图传遥控接收设备。图像传输的实时性、稳定性是关键。其组成部分主要由图像采集端、发射端、接收端和显示端组成,如图 2.1.29 所示,为图像采集、发射、地面接收及显示流程。

图 2.1.29　无线图传

2. 图像采集端

图像采集端,是指在无人机端用来采集图像的设备,如摄像头、运动相机和单反相机等,如图 2.1.30 所示。

(a) 摄像头　　　　　　(b) 运动相机　　　　　　(c) 单反相机

图 2.1.30　图像采集设备

3. 图像发射端

图像发射端,是指无线图像传输设备的发射设备,包括发射器和天线。通常安装在无人机飞行平台上,随无人机飞行,配合摄像头或相机使用。

选配原则如下。

（1）图传类型选择

图传分模拟图传和数字图传,模拟图传延迟少、画质清晰度一般,数字图传画面清晰度高、画面延迟较大。

（2）频道选择

5.8 GHz 是国家开放的业余频段,目前在这个频段工作的设备很少,这个频段相对比较纯净,干扰较少。

（3）频率的选定

同频段的图传在使用过程中很容易受到干扰,甚至出现串频（显示了别人的画面）,当目前频率有干扰时可以选择其他频率,通常发射机都有多种频率可供选择。常用的发射机有 32 个频道或 40 个频道甚至更多。常见的频道见表 2.2.6。

表 2.2.6　常用频道　　　　　　　　　　　　　　　单位:MHz

CH FR	CH1	CH2	CH3	CH4	CH5	CH6	CH7	CH8
FR1(A)	5 865	5 845	5 825	5 805	5 785	5 765	5 745	5 725
FR2(A)	5 733	5 752	5 771	5 790	5 809	5 828	5 847	5 866
FR3(A)	5 705	5 685	5 665	5 645	5 885	5 905	5 925	5 945
FR4(A)	5 740	5 760	5 780	5 880	5 820	5 840	5 860	5 880

（4）功率大小

发射端功率从由几十毫瓦到几百毫瓦,功率大的能达到瓦级别,有些发射机为满足更多要求,采用功率可调的形式。通常功率越大传输距离越远,信号越稳定,但同时发热也更大,耗电量也更大。小功率的发射机发热少,使用导热金属片散热,甚至无散热,大功率发射机使用导热金属加散热风扇散热,如图 2.1.31 所示。

图 2.1.31　发射机

4. 图像接收端

图像接收端,是指无线图像传输设备在地面的接收器,包括接收机和天线两部分。通常直接和显示器连接,以一款常用的接收机 RC832 为例进行介绍,如图 2.1.32 所示。

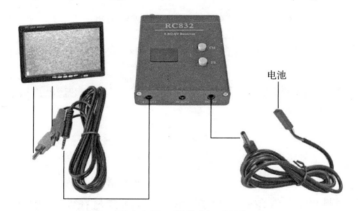

图 2.1.32　接收机 RC832

选用原则如下。

（1）接收端和发射端如果不是成套购买需要根据发射要求类型购买,如模拟发射机配模拟接收机。

（2）接收机通常都带有多个频率可以搜索,常用的接收机有 8 个频道,传输信号类型一样的情况下只要频率一样就可以接收到图像信号,见表 2.2.7。

（3）有些显示屏带接收机的,可以直接使用。

表 2.2.7　接收机常用频率

频道序号		CH1	CH2	CH3	CH4	CH5	CH6	CH7	CH8
接收频率(MHz)		5 705	5 685	5 665	5 645	5 885	5 905	5 925	5945
引脚电平	CH1	0	1	0	1	0	1	0	1
	CH2	0	0	1	1	0	0	1	1
	CH3	0	0	0	0	1	1	1	1

5. 图像显示端

图像显示端,是指在地面的显示器,和接收机配套使用,通常包括三脚架、显示屏和电池等。根据传输信号类型选择显示屏类型,如模拟信号和和数字信号。

选用原则如下。

(1)根据使用习惯选用 FPV 显示屏,如图 2.1.33 左图所示,或选用视频眼镜,如图 2.1.33 右图所示。

图 2.1.33　FPV 显示屏、视频眼镜

(2)根据是否带接收机来选择是否含接收机的显示屏,如果是带接收机的显示屏,还要选择天线的类型。

(3)根据信号类型选择模拟信号显示屏(如莲花头接口、雪花屏)、数字信号屏(如带 HDMI 接口)。

6. 天线

(1)全向天线

全向天线,是比较常用的一种形式,在无线电专业里常称为鞭状天线。虽然称为全向天线,其实还是有局限性的,它就像一个灯管,垂直放置时,是在水平方向上向周围散射,在 360°范围内都有均匀的场强分布。

垂直天线,主要针对水平方向的目标,水平天线主要针对垂直高度上的目标,和窄范围内的水平目标。通常可以用两根全向天线,垂直放置,如图 2.1.34 所示,以增强接收信号强度。

图 2.1.34　全向天线

(2)蘑菇头天线

蘑菇头天线,其内部就是三叶草或四叶草天线,如图 2.1.35 所示,通常三叶草用在发射机上,四叶草天线用在接收机上。

这种天线的特性和平板天线的特性刚好是相反的,如果它原来应该是直的那它的特性就和棒子天线是一样的,但是它被掰弯了,掰的每个方向对与它来说都是一样的,不存在指向性。

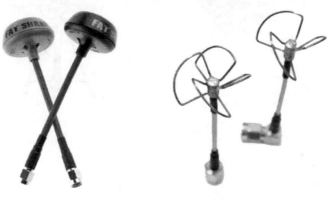

图 2.1.35 蘑菇头天线

(3)八木天线

八木天线,是定向传输天线。八木天线在垂直安装时,上下的场强分布角与全向天线差不多,在水平方向上场强分布角,与引向器的多少有关,引向器越多,夹角越小,方向性越强,夹角内的场强越高。一般常见引向器为3~5支,再多效果亦不明显。主要特点是在有效范围内场强分布均匀,方向性好,干扰能力强。

(4)抛物面天线

抛物面天线,其场强分布有两部分,类似手电光,一部分是灯泡直接射出的散射光,另一部分也是主要部分,是反射器反射形成的直射光,如图 2.1.36 右图所示。

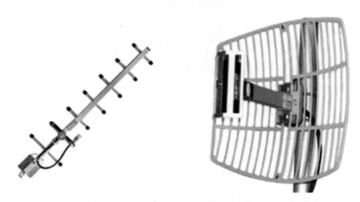

图 2.1.36 八木天线和抛物面天线

所以抛物面天线的效率是最高的,但方向性也是最强的,最常见是用在固定点对点的微波通信,如果用在飞行器上的通信,必须装在高精度跟踪云台上才可以,另外抛物面天线对组装精度要求也很高。

(5)平板状天线

平板状天线,其特性和八木天线基本相同,好的平板天线结构较复杂,但体积小,重量轻,安装简单,是野外 FPV 的首选天线,有较强的定向性,需配合跟踪云台使用,如图 2.1.37 所示。

图 2.1.37 平板天线

7. 图传的组装

图传的组装一般分硬件组装和线路连接两大部分。

（1）硬件的组装

① 摄像头的安装,穿越机一般安装在前方或上方,注意做好保护措施,保护摄像头。

② 图传发射机安装,通常用双面海绵胶粘在机架内部,将天线引出至外部。

（2）线路的连接

根据无人机安装布局将电线裁减好并制作接头(如摄像头和图传发射机电压一致,可并用电源),图传和摄像头品牌多种多样,但接线原理基本一致,根据电路图将线路接好即可。

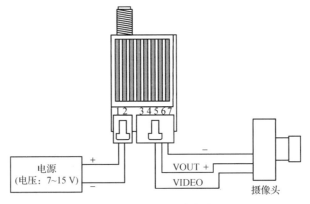

图 2.1.38 图传系统电路图

（3）注意事项

① 确认图传电压和摄像头电压分别是多少伏,如果都在同样的范围,则可以共用电源,如果图传电压是 12 V,摄像头电压是 5 V,此时要注意单独给摄像头供 5 V 电源,可考虑从分电板接电。

② 要注意发射机的安装最佳位置,避免产生干扰,多旋翼无人机要注意尽量让图传、GPS、遥控接收机这三种分开装,图传天线尽量靠机身尾部。

③ 如果图传发射机是双天线的,尽量让两天线垂直,扩大发射方向。

④ 穿越机上的图传要注意保护好,尽量安装在机身内部,避免炸坏。

⑤ 图传的线为插头连接时,要注意是否有松动,如有,要采取紧固措施,如打热熔胶。

八、云台的组装

云台,又称增稳云台,是指安装、固定摄像机的支撑设备,如图 2.1.39 所示。

图 2.1.39　航拍云台

云台主要有以下两大作用。

(1)防止拍摄画面抖动,航拍云台通过传感器感知机身的动作,通过电机驱动让相机保持原来的位置,抵消机身晃动或者震动的影响。

(2)可遥控控制云台转动角度改变拍摄角度。通过配制好的遥控器通道控制两轴或三轴云台平缓的动作达到所需的角度。

云台主要考察几个性能:增稳精度、兼容性(一款云台能适配几款相机和镜头)和转动范围(分为俯仰、横滚和偏航三个轴)。

1. 云台分类

(1)按驱动方式分

按驱动方式分为固定云台和电动云台。

① 固定云台,是将相机与飞行器固定在一起,运用提前调整好的角度来拍摄,或通过调整无人机的角度来调整航拍时的视角。

② 电动云台主要是指其驱动方向是电动驱动的,是相对固定运动而言的。

(2)按驱动轴数分

按驱动轴数分为两轴云台和三轴云台。

① 两轴云台,如图 2.1.40(a)所示,是指在横滚方向、俯仰方向两个方向控制的云台,也就是两个自由度。

(a) 两轴云台　　　　　　　　　(b) 三轴云台

图 2.1.40　云台

② 三轴云台,如图 2.1.40(b)所示,是指除横滚方向、俯仰方向外偏航方向也能得到控制,总共有三个自由度,这样控制的转向角度更大。

（3）按执行机构分

按执行机构分为伺服舵机驱动、步进电机驱动和直流无刷电机驱动等。

① 伺服舵机驱动,是指其驱动的方式采用舵机驱动,一般该控制方式无云台控制板,通过飞控控制。

② 步进电机驱动,是指其驱动方式采用步进电机。

③ 直流无刷电机驱动,是指其驱动方式采用直流无刷电机,是目前最常用的驱动方式,采用云台控制板驱动,转动平稳、相同质量的情况下力矩较大,无噪声。

1—挂载部分；2—控制部分；
3—执行部分

图 2.1.41 云台组成

2. 云台组成

云台一般由云台挂载部分、控制部分和执行部分等三个部分组成,如图 2.1.41 所示。

（1）挂载部分,是指云台和无人机的连接板,通常用碳纤维板或玻纤板通过减震球连接。

（2）控制部分,是指通过陀螺仪等传感器检测姿态后控制云台进行姿态补偿的控制板,一般分为两轴控制版和三轴控制版。

（3）执行部分,是指控制板控制的直流无刷电机、伺服舵机或步进电机,两轴云台两个电机或舵机,三轴云台三个电机或舵机。

3. 云台安装

由于云台结构比较简单通常都是成套购买,所以安装主要是云台和无人机之间的安装。通常的安装方法有螺纹连接、挂载板连接等。

（1）安装步骤

① 云台与无人机的安装。② 云台线路的连接,根据电路图依次连接云台电源线、信号线和控制线。某品牌云台电路,如图 2.1.42 所示。③ 遥控器通道的配制。④ 运动相机的安装。⑤ 通电试机。

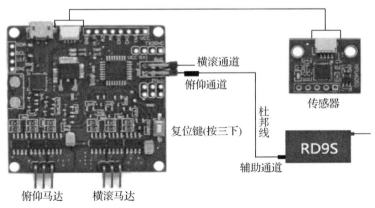

图 2.1.42 某品牌云台控制板的连接图

（2）安装注意事项

① 看清云台电源电压、正负极，切勿接错。

② 传感器通常在相机座底部，注意传感器信号线不要缠绕，保护好线路。

③ 通电前务必装好相机，在带有负载的情况下通电。

④ 调整相机安装位置要尽量使相机在自然状态下保持平衡。

4. 调参软件使用说明

电动云台通常分有免调试版和调试版，不同品牌的云台调试界面不一致，下面以某品牌云台的调试软件为例进行介绍。

（1）调参软件介绍

该无刷云台控制器板采用双处理器方案，分为云台主控处理器和云台电机驱动处理器。调参软件的云台主控调参界面，如图 2.1.43 所示，云台电机驱动调参界面，如图 2.1.44 所示。

图 2.1.43　云台主控调参界面　　　　　图 2.1.44　电机驱动调参界面

（2）云台主控调参界面说明

将附带的 USB 模块连接至云台主控调参接口，并将 USB 模块连接至计算机，双击打开 ZYX-BMGC.exe 文件，运行 ZYX-BMGC 调参软件。

① 打开端口

点击端口选择的下拉列表框，选择 USB 模块对应的端口号，然后点击"打开端口"按钮。成功打开端口后，再给云台通电，电压应保证云台正常工作。

② 云台主控模块连接状态

等待云台主控模块初始化成功后，软件界面状态提示栏显示"软件界面参数已更新"，表明云台主控模块已经成功连接。这时用手拨动云台任意轴，软件中三维模型显示界面即会显示当前摄像设备的姿态角度。为了方便用户配置参数，云台主控模块连接成功后会自动设置为"电机停止"模式。

③ 传感器模块安装方式

在软件的"传感器模块安装方向"中选择对应的安装方式，然后观察"三维模型显示"界

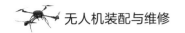

面中相机模型是否能够正确反映云台上的摄像设备的真实运动。

④ 接收机类型

将接收机连接至对应接口。选择对应的接收机类型,当接收机类型改变时,软件会弹出提示消息,请根据提示文字先点击"烧写参数至 flash"按钮,然后将云台重新通电,使接收机类型生效。

⑤ 摇杆监视

当您选择完接收机类型并重新通电之后,打开遥控器,拨动摇杆,可以从摇杆监视界面观察对应的摇杆变化。

R:滚转摇杆输入量。

T:俯仰摇杆输入量。

S:拍照输入量。

C:摇杆速率模式和位置模式输入量。

当使用 S-BUS 接收机、DSM2/DSMJ/DSMX 接收机时,自动选择发射机的第 5 通道作为模式切换通道。

Mode1:摇杆速率模式。

Mode2:摇杆位置模式。

⑥ 角度限制

用户可以根据需要对云台的滚转和俯仰的转动角度进行限制。滚转角度限制的范围为 $-45°\sim45°$,俯仰角度限制的范围为 $-135°\sim90°$。

注意:当云台的角度超过角度限制范围后,云台将自动关闭电机输出以保护云台和摄像设备,调试时建议先设置小的角度范围以保证安全。

⑦ 电机反向

电机方向选择根据电机的转向进行选择。

⑧ 初始俯仰角度

初始俯仰角度为"摇杆速率"模式下云台上电后的初始角度。

⑨ 电机开关模式

电机开关模式用于调试云台参数时关闭电机输出信号/开启电机输出信号,以保护云台和摄像设备。

"电机停止"模式:关闭电机信号。

"电机启动"模式:输出电机信号,并且开启姿态感应反馈,此时云台有增稳效果。

⑩ PID 参数调整

感度参数范围是 0~500,基本规则为总感度不能为 0,速度感度和累积感度不能同时为 0。如果违反上述规则会关闭电机输出以保护云台及摄像设备。

加速感度调整;速度感度调整;累积感度调整;感度细微调整。

⑪ 烧写参数至 flash

在完成调试后,请点击"烧写参数至 flash"按钮,以确保参数烧写至云台的 flash 中,云台下次通电时将自动从 flash 中加载该组参数。

(3)云台电机驱动调参界面说明

将附带的 USB 模块连接至云台电机驱动调参接口,并将 USB 模块连接至计算机,双击打开 ZYX-BMGC.exe 文件,运行 ZYX-BMGC 调参软件,点击"电机配置"按钮,弹出电机配置软件界面。

① 打开端口

点击端口号选择的下拉列表框,选择 USB 模块对应的端口号,然后点击"打开端口"按钮。成功打开端口后,再给云台通电,电压应保证云台正常工作。

② 电机驱动模块连接状态

等待电机驱动模块初始化成功后,软件界面状态提示栏显示"软件界面参数已更新",表明电机驱动模块已经成功连接,同时更新电机参数并显示电压和电流。

③ 电机极数

电机极数是电机的磁极数目,该参数会影响电机的减速比和最高转速,通常情况下可以设置为与电机实际极数一致,如果为了达到某种性能,可以适当调节此参数与实际电机极数不一致。

④ 电机功率

电机功率范围为 0%～100%,根据负载情况进行调整。

⑤ 信号监视

显示云台的供电电压及工作电流。电压值显示会比供电电压小 0.3 V 左右。

⑥ 烧写参数至 flash

在完成调试后,请点击"烧写参数至 flash"按钮,以确保参数烧写至云台的 flash 中,云台下次通电时将自动从 flash 中加载该组参数。

(4) 固件升级

无刷云台控制器采用双处理器协同工作的方案,分为云台主控处理器和云台电机驱动处理器。因此会有对应不同处理器的升级文件。升级前请确保硬件接口连接正确,升级文件选择正确。

① 云台主控固件升级

先将 USB 模块连接至云台主控调参接口,然后在主界面下选择对应的端口号,点击"打开主控固件"按钮,选择需要升级的固件文件。打开固件文件成功后,点击"开始升级"按钮,然后将云台通电,等待升级进度条,最后完成固件升级。当完成固件升级后,点击"打开端口"。成功连接后,会显示当前升级完成的主控固件版本。

② 电机驱动固件升级

先将 USB 模块连接至云台电机驱动调参接口,然后在电机配置界面下选择对应的端口号,点击"打开固件文件"按钮,选择需要升级的固件文件。打开固件文件成功后,点击"开始升级"按钮,然后将云台通电,等待升级进度条,最后完成固件升级。当完成固件升级后,点击"打开端口"。成功连接后,会显示当前升级完成的电机驱动固件版本。

【扫码观看视频】

任务二　无人直升机组装

一、无人直升机的基本构造

无人直升机是由机身、主旋翼、尾桨、起落架、动力系统和操纵系统等组成,如图 2.2.1 所示。下面主要对主旋翼、尾桨、传动系统、操纵系统的构造和特点进行介绍。

1—机身;2—主旋翼;3—尾旋翼;4—操纵系统;5—动力系统;
6—起落架

图 2.2.1　无人直升机的构造

1. 主旋翼

主旋翼,是无人机直升机的主要升力部件,本质上旋翼是一个能量转换部件,它把发动机产生的旋转动能转换成旋翼拉力。

直升机的主旋翼由桨毂和 2~8 片桨叶组成。旋翼的结构形式主要指旋翼桨叶和桨毂连接的方式。最典型的结构形式是铰接式旋翼。

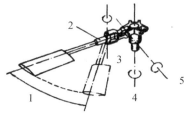

图 2.2.2　直升机主旋翼

桨叶通过桨毂上的挥舞铰(水平铰)、摆振铰(垂直铰)及变距铰(轴向铰),与旋翼轴相连,通过 3 个铰实现桨叶的挥舞、摆振和变距运动。

2. 尾桨

尾桨,是通过旋转产生推力,以平衡主旋翼产生的反扭矩。单旋翼无人直升机的旋翼旋转产生升力,并对机身产生反扭矩,反扭矩迫使直升机向旋翼旋转的反方向偏转,因此,一般无人直升机上都需要安装尾桨。

尾桨的功能主要有平衡旋翼的反扭矩、改变尾桨的推力(或拉力)实现对直升机的航向控制、对航向起稳定作用和提供一部分升力等。

尾桨一般安装在尾梁后部或尾斜梁或垂尾上。

尾桨分为推式尾桨和拉式尾桨,尾桨拉力方向指向直升机的对称面,为推式尾桨;从对称面向外指为拉式尾桨。

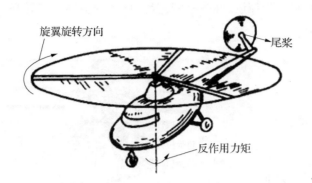

图 2.2.3 尾桨平衡反作用力矩

3. 传动系统

传动系统,是将发动机的动力传递给主旋翼和尾桨的重要动力部件。直升机传动系统使主旋翼转动起来产生升力,使尾桨协调转动平衡扭矩,是直升机最重要的系统之一,通常主要包括如下部分。

(1)主减速器

主减速器,是传动系统的核心。其输入轴与发动机的输出轴相连,其输出轴就是固定旋翼轴。

(2)传动轴

传动轴,包括动力输入轴和尾传动轴。动力输入轴是连接发动机与主减速器的,尾传动轴是主减速器通过其向尾桨传递功率。

(3)尾减速器及中间减速器

尾减速器,是将功率传递给尾桨的部件,输入轴与尾传动轴相连,一般由一对伞齿轮构成,输入轴与输出夹角一般为 90°,由于尾桨转速较高,所以尾减速器的减速比不大。

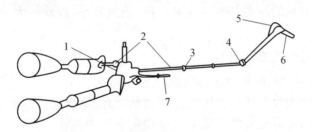

1—主减速器;2—传动轴;3—轴承支座;4—中间减速器;
5—尾减速器;6—尾桨轴;7—附件传动

图 2.3.4 直升机传动系统

4. 操纵系统

操纵系统,是直升机的重要部件之一,操控手必须通过操纵系统来控制直升机的飞行,保持或改变直升机的平衡状态。直升机的空间虽有 6 个自由度,但实际只需要 4 个操纵,分别为总距操纵、纵向操纵、横向操纵和航向操纵。

自动倾斜器,又名十字盘,是将经无人直升机飞行操纵系统传递过来的驾驶员或自动驾驶仪的指令转换为旋翼桨叶受控运动的一种装置。自动倾斜器由旋转环、内环、外环、滑筒、导筒和变距拉杆等组成。

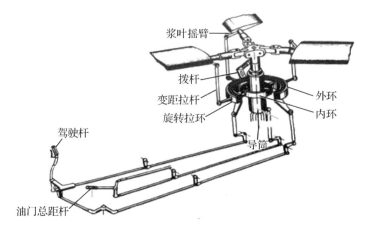

浆叶摇臂

拨杆

变距拉杆

旋转拉环

外环

内环

驾驶杆

导筒

油门总距杆

图 2.2.5　直升机操纵系统

二、无人直升机的特点

1. 直升机与固定翼的主要特点对比

固定翼无人机的升力面是机翼,操纵面是升降舵、方向舵和副翼。

和旋翼类无人机比较,固定翼无人机具有气动效率高,寿命长,经济性好,飞行速度大,升限高,稳定性好,操纵容易等优点;其最大的缺点是升降场地要求较大,需要跑道。

无人直升机的升力面、操纵面和推进器都是主旋翼,操纵是通过改变主旋翼的螺距来改变升力的大小,从而控制无人直升机的上升和下降。通过改变主旋翼旋转平面的倾斜方向和大小实现前进、后退和侧飞。其最突出的特点是不需要跑道,可垂直起降,可悬停。和固定翼无人机相比,直升机的缺点是气动效率较低,载重较小,振动较大,舒适性差,操纵难度大,稳定性差。

2. 无人直升机的空气动力特性

（1）垂直运动旋翼桨叶的周向相对气流

垂直运动,是指无人直升机在无风条件下做垂直升、降或悬停的运动状态,也称为轴流状态。在轴流状态下,直升机旋翼由发动机带动在空气中旋转,带动空气向下运动,每一片旋翼叶片都产生升力,这些升力的合力就是直升机的升力。

直升机在垂直飞行状态(轴流状态)时,每片桨叶受到的作用力,除桨叶自身重力外,还有桨叶的拉力和惯性离心力。由于桨叶周向气流是对称的,每片桨叶在旋转一周中,拉力和惯性离心力不变,所以,桨叶在各个方向上扬起的角度均相同,主旋翼上的拉力,如图 2.2.6 所示。

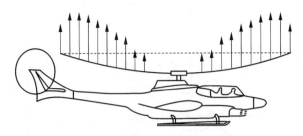

图 2.2.6　轴流状态下主旋翼的拉力

（2）横向运动旋翼桨叶的周向相对气流

横向运动，是指直升机做前进飞行，后退飞行或侧向飞行的运动状态，在横向运动状态旋翼各桨叶周向相对气流会出现明显的不对称现象。

根据挥舞铰的构造特点，桨叶上挥时，变距杆拉住变距摇臂使桨叶角减小，拉力变小；桨叶下挥时，变距拉杆顶住变距摇臂使桨叶角增大，拉力变大，这样也相应地自动调节了桨叶在前飞时升力对称的状态。

在桨叶挥舞中所引起的桨叶迎角改变，又会使桨叶的拉力发生变化，这样引起旋翼拉力的再分布，从而减轻拉力不对称的程度。桨叶通过上下挥舞，自动调整了本身拉力，使拉力大致保持不变，拉力不对称也消除了。把这种不是因操纵而引起的桨叶挥舞运动，叫作桨叶的自然挥舞运动。

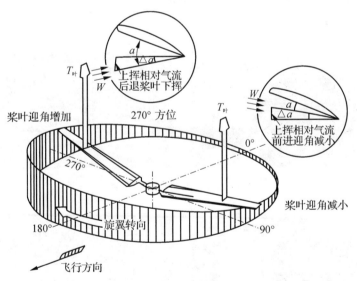

图 2.2.7　直升机桨叶挥舞铰

飞行中的直升机，除自身重力之外，受到的空气动力和力矩，主要由旋翼、尾桨、平尾、垂尾和机身等产生的空气动力及其对直升机重心所构成的力矩，以及旋翼，尾桨的反扭矩和桨毂力矩。

直升机不带侧滑前飞时，旋翼的气动合力为 T，其方向垂直于桨尖平面。将 T 沿三轴分解可以得到两个分力，垂直于旋转平面的分力为旋翼拉力 T_1；沿纵轴方向的分力为旋翼纵向力 T_2。重力为 G，阻力为 X。

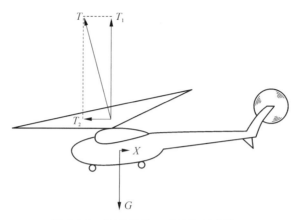

图 2.2.8　直升机前飞时整体受力情况

三、无人直升机的组装步骤

电动无人直升机的动力装置组装,是将电机、电调、电机齿、电机轴承和电机安装座等部件安装到机架上。

1. 安装电调及冷却风扇

(1) 用 4 颗不锈钢内六角螺丝将电调固定在机架前方的安装位置上。

(2) 用 2 颗不锈钢内六角螺丝对角将 JMK－6020 的风扇锁紧规定位置上。具体的组装步骤如图 2.2.9 所示。

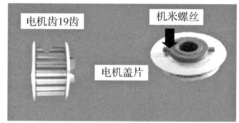

图 2.2.9　电调及风扇安装

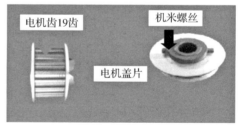

图 2.2.10　电机盖片安装

2. 安装电机并连接电调

(1) 将电机盖片分别压到电机齿 19 齿上,并用 M3×3 的机米螺丝带到上面。

(2) 把传动皮带放到电机固定座,然后按顺序将电机、电机齿、电机轴承座安装。

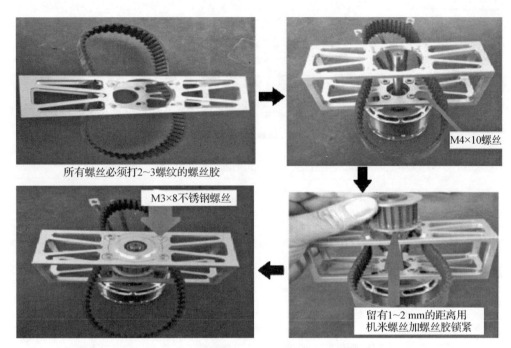

图 2.2.11　电机安装

（3）安装电机座，并完成电机与电调的接线。

图 2.2.12　电机与电调接线

3. 自动倾斜器的组装

自动倾斜器，是由十字盘轴承套、球珠套、十字球珠、十字盘轴承、十字盘、十字盘轴承分隔垫和中域等组成。

（1）先将十字盘轴承套、球珠套和十字球珠按顺序组装成十字盘轴承套半成品。

（2）用专业夹具将十字盘轴承、十字盘和十字盘轴承分隔垫组装成十字盘半成品。

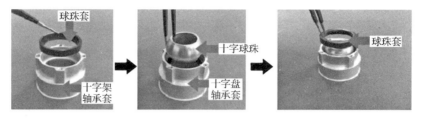

图 2.2.13　十字盘轴承套、球珠套、十字球珠和球珠套的组装

（3）将十字盘轴承套半成品、十字盘半成品、和中域组成自动倾斜器。

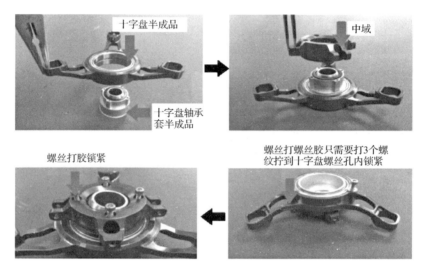

图 2.2.14　自动倾斜器成品组装

4. 主旋翼的组装

主旋翼，是由球头连杆、自动倾斜器、主轴固定座、主轴波箱和 T 头主桨夹等组成。

（1）先将球头连杆和自动倾斜器用铜套和内六角螺丝固定好。

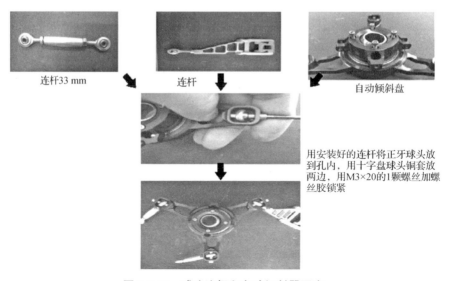

图 2.2.15　球头连杆和自动倾斜器固定

（2）将主轴固定座安装到主轴波箱上，安装的方向必须正确，再把自动倾斜器放到主轴上。

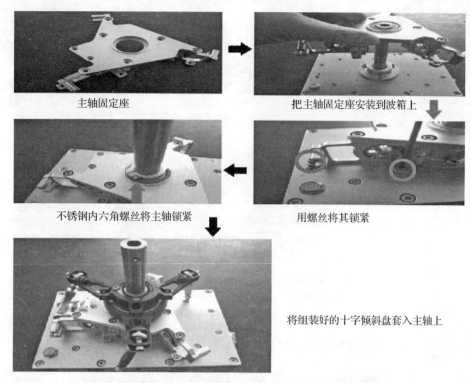

主轴固定座

把主轴固定座安装到波箱上

不锈钢内六角螺丝将主轴锁紧

用螺丝将其锁紧

将组装好的十字倾斜盘套入主轴上

图 2.2.16　主轴固定座和十字倾斜盘安装至主轴上

（3）将主桨夹安装到主轴上方。

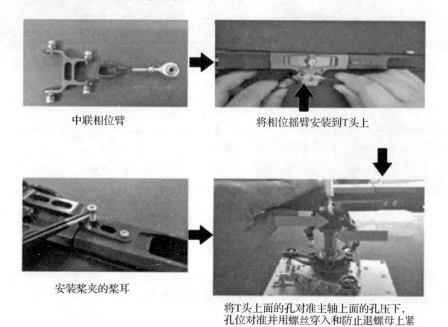

中联相位臂

将相位摇臂安装到T头上

安装桨夹的桨耳

将T头上面的孔对准主轴上面的孔压下，
孔位对准并用螺丝穿入和防止退螺母上紧

图 2.2.17　主桨夹安装

（4）用内六角螺丝和铜套将各球头连杆锁紧。

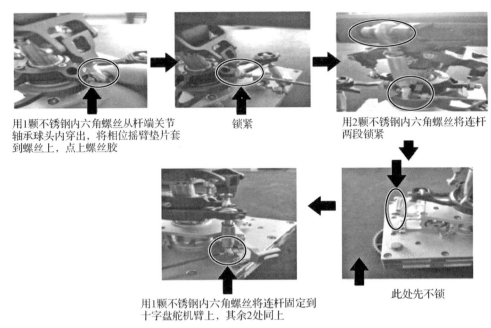

用1颗不锈钢内六角螺丝从杆端关节轴承球头内穿出，将相位摇臂垫片套到螺丝上，点上螺丝胶

锁紧

用2颗不锈钢内六角螺丝将连杆两段锁紧

此处先不锁

用1颗不锈钢内六角螺丝将连杆固定到十字盘舵机臂上，其余2处同上

图 2.2.18　锁紧球头连杆

（5）将组装好的主轴波箱安装到机身上。

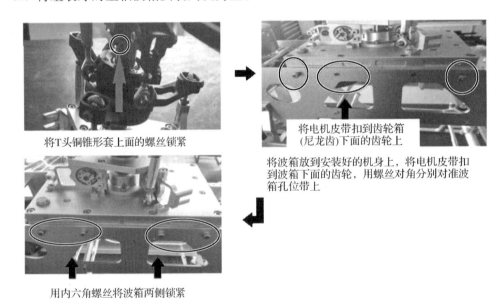

将T头铜锥形套上面的螺丝锁紧

将电机皮带扣到齿轮箱（尼龙齿）下面的齿轮上

将波箱放到安装好的机身上，将电机皮带扣到波箱下面的齿轮，用螺丝对角分别对准波箱孔位带上

用内六角螺丝将波箱两侧锁紧

图 2.2.19　主轴波箱安装至机身

5. 尾桨的组装

尾桨，是由尾波箱、尾滑动套推拉套件和尾桨夹总成等组成。

（1）先安装尾推臂轴承座、转轴及拨叉。

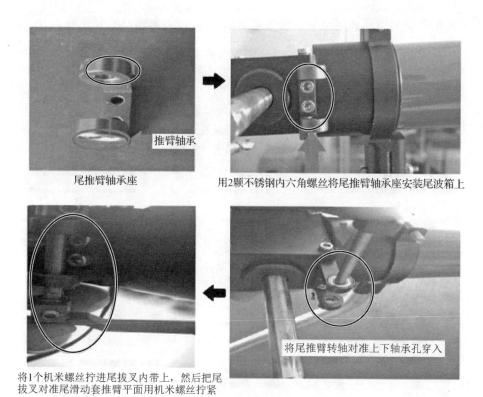

推臂轴承

尾推臂轴承座

用2颗不锈钢内六角螺丝将尾推臂轴承座安装尾波箱上

将1个机米螺丝拧进尾拨叉内带上，然后把尾拨叉对准尾滑动套推臂平面用机米螺丝拧紧

将尾推臂转轴对准上下轴承孔穿入

图2.2.20　尾推臂轴承座、转轴和拨叉的安装

（2）组装尾滑动套轴承座与尾桨夹推拉连杆

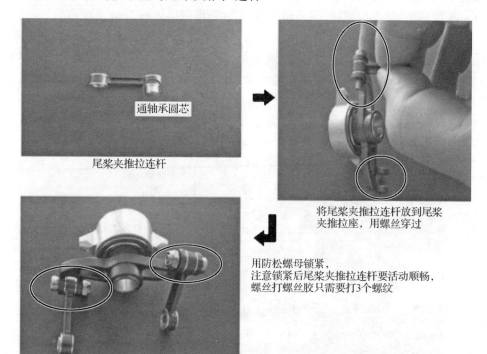

通轴承圆芯

尾桨夹推拉连杆

将尾桨夹推拉连杆放到尾桨夹推拉座，用螺丝穿过

用防松螺母锁紧，注意锁紧后尾桨夹推拉连杆要活动顺畅，螺丝打螺丝胶只需要打3个螺纹

图2.2.21　尾滑动套轴承座和尾桨夹推拉连杆的组装

（3）将尾滑动套轴承和尾桨夹安装到尾横轴上，并内六角螺丝锁紧连杆。

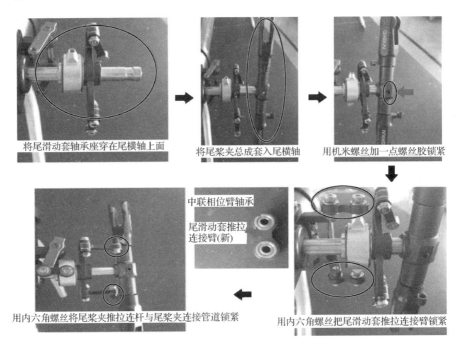

图 2.2.22　尾滑动套轴承和尾桨夹的组装

6. 飞控系统的组装

飞控系统，是由飞控模块、IMU 模块、GPS 模块、地磁模块和数传天线等组成。

（1）内置 IMU 的飞控模块，必须将飞控模块安装到接近直升机主轴位置，安装位置必须保持水平状态，在安装位置上要加上减震球。注意，外置 IMU 模块的，只需把 IMU 模块安装接近主轴位置即可。安装时注意模块上的安装指示方向，多数飞控指示方向尽量与机头同方向安装，少数的模块可以选择安装方向，因为在调参时可以选择 IMU 的方向。

图 2.2.23　减震球安装

（2）将 GPS、地磁模块和数传天线安装在尾管上方，尽量远离主轴位置。

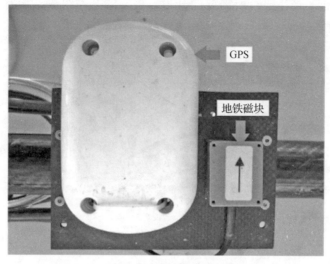

图 2.2.24　GPS、地磁模块和数传天线的安装

【扫码观看视频】

任务三　固定翼无人机组装

一、固定翼无人机的基本结构

固定翼无人机主要由机翼、机身、尾翼、起落装置和动力装置等组成。

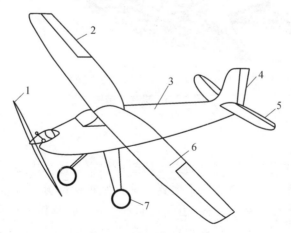

1—螺旋桨；2—副翼；3—机身；4—垂直尾翼；
5—水平尾翼；6—机翼；7—起落架

图 2.3.1　固定翼无人机的基本结构

1. 机翼

机翼的主要功能是产生飞行所需要的升力。机翼的基本组成结构有翼梁、纵墙、桁条、翼肋和蒙皮等。

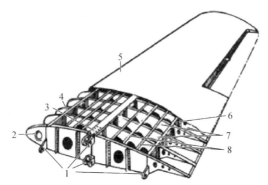

1—接头；2—加强肋；3—翼梁；4—前墙；5—蒙皮；
6—后墙；7—翼肋；8—桁条

图 2.3.2　机翼的基本组成

2. 机身

机身的主要功能是装载燃料和设备，同时作为固定翼无人机安装基础，将机翼、尾翼、起落装置等连成一个整体。

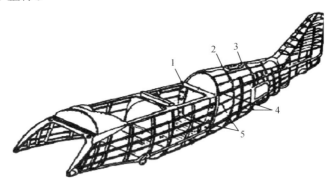

1—桁梁；2—桁条；3—蒙皮；4—加强隔框；5—普通隔框

图 2.3.3　机身的结构

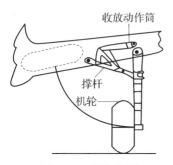

收放动作筒

撑杆

机轮

图 2.3.4　起落装置

3. 尾翼

尾翼的主要功能是稳定和操纵固定翼无人机俯仰及偏转。尾翼由水平尾翼和垂直尾翼两部分组成，水平尾翼水平安装在机身尾部，由固定的水平安定面及其后的可转动的升降舵组成；垂直尾翼垂直安装在机身尾部，由固定的垂直安定面及其后的可转动的方向舵组成。

4. 起落装置

起落装置的主要功能是支撑无人机在地面上的活动，包括起飞和着陆滑跑、滑行、停放。陆上无人机的起落架一般由支柱、减震器、机轮和收放机构等组成。

5. 动力装置

动力装置的主要功能是产生拉力（螺旋桨式）或推力（喷气式），使无人机产生相对空气的运动。

二、固定翼无人机的气动特点

1. 翼型

机翼横截面的轮廓叫作翼型或翼剖面，是指沿平行于无人机对称平面的切平面切割机翼所得到的剖面。直升机的旋翼和螺旋桨叶片的截面也称翼型。

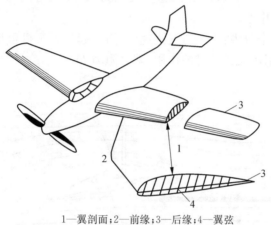

1—翼剖面；2—前缘；3—后缘；4—翼弦

图 2.3.5 翼型

翼型各部分的名称如图 2.3.6 所示。一般翼型的前端圆钝，后端尖锐，下表面较平，呈鱼侧形。

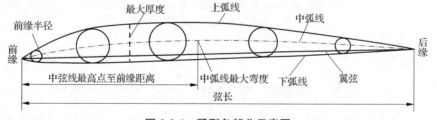

图 2.3.6 翼型各部分示意图

机翼的基本平面形状有矩形翼、椭圆翼、梯形翼、后掠翼、三角翼等，各种不同平面形状的机翼，其升力、阻力之所以有差异，与机翼平面形状的各种参数有关。机翼平面形状的几何参数主要有机翼面积、翼展、展弦比和后掠角等。

（1）机翼面积，指机翼在机翼基本平面上投影面积，用 S 表示。

（2）翼展，在机翼之外刚好与机翼轮廓线接触，且平行于机翼对称面（通常是无人机参考面）的两个平面之间

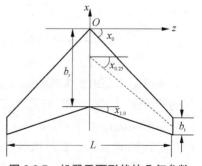

图 2.3.7 机翼平面形状的几何参数

的距离称为机翼的展长,用 L 表示。

(3)展弦比,机翼翼展的平方与机翼面积之比,用 L^2/S 表示,或者机翼翼展与机翼平均几何弦长(机翼面积 S 除以翼展 L)之比。

(4)后掠角,描述翼面特征线与参考轴线相对位置的夹角。用 x 表示,通常 x_0 表示前缘后掠角,$x_{0.25}$ 表示 1/4 弦线后掠角,$x_{1.0}$ 表示后缘后掠角。后掠角表示机翼各剖面在纵向的相对位置,即表示机翼向后倾斜的程度,后掠角为负表示翼面有前掠角。

2. 升力的产生及影响因素

(1)升力的产生

在翼型的上表面,因流管变细,即流管截面积减小,气流速度大,故压强减小;而翼型的下表面,因流管变化不大,故压强基本不变。

翼型上、下表面生了压强差,形成了总空气动力 R,R 的方向向后向上,总空气动力 R 与翼弦的交点叫作压力中心。

总空气动力分成两个分力:一个与气流速度垂直,起支托飞机重量的作用,就是升力 Y;另一个与流速平行,起阻碍飞机前进的作用,就是阻力 D。

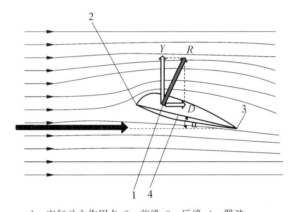

1—空气动力作用点;2—前缘;3—后缘;4—翼弦

图 2.3.8 升力产生

(2)升力公式

$$Y = 1/2C_y\rho v^2 S \tag{2.1}$$

式中:Y 为升力(N),C_y 为升力系数,ρ 为空气密度(kg/m³),v 为相对气流速度(m/s),S 为机翼面积(m²)。

3. 阻力的产生及影响因素

(1)摩擦阻力

摩擦阻力是由于大气的黏性而产生的。当气流以一定速度 v 流过无人机表面时,由于空气的黏性作用,空气微团与无人机表面发生摩擦,阻滞了气流的流动,所以产生了摩擦阻力。

摩擦阻力的大小,取决于空气的黏性、无人机表面的状况,附面层中气流的流动情况和同气流接触的无人机表面积的大小。

减少摩擦阻力,可以减少无人机同空气的接触面积,也可以把表面做得光滑一些,以减少它的摩擦阻力,也可选择升阻比大的翼型,以及减小气流相对速度。

（2）压差阻力

压差阻力是由运动着的物体前后所形成的压强差产生的。

（3）诱导阻力

诱导阻力是伴随着升力而产生的,如果没有升力,诱导阻力为零。因此,这个由升力诱导而产生的阻力叫作诱导阻力,又叫作升致阻力。

（4）干扰阻力

干扰阻力是无人机各部分之间因气流相互干扰而产生的一种额外阻力。

干扰阻力主要产生在机身和机翼、机身和尾翼、机翼和发动机短舱、机翼和副油箱之间。

大部分轻微型民用固定翼无人机都是依靠螺旋桨产生拉力/推力(实质上,拉力也是推力,只是对于螺旋桨无人机,习惯上称为拉力)。

① 螺旋桨介绍

螺旋桨是指靠桨叶在空气或水中旋转,将发动机转动功率转化为推进力的装置。

② 螺旋桨工作原理

空气以一定的迎角流向桨叶时,气流流过桨叶前桨面,就像流过机翼上表面一样,流管变细,流速加快,压强降低;空气流过桨叶后桨面,就像流过机翼下表面一样,流管变粗,流速减慢,压强升高。

这样,在桨叶的前后桨面和前后缘均形成压强差,再加之气流作用于桨叶上的摩擦阻力,就构成了桨叶上的总空气动力 R,根据总空气动力 R 对螺旋桨运动所起的作用,可将它分解成两个分力,一个是与桨轴平行、拉着螺旋桨和无人机前进的拉力 P;另一个是与桨轴垂直、阻碍螺旋桨旋转的旋转阻力 Q。

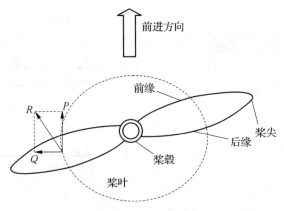

图 2.3.9　螺旋桨受力

③ 螺旋桨的副作用

螺旋桨在工作中,一方面产生拉力,提供无人机的前进动力;另一方面还会产生一些对飞行不利的副作用,主要有螺旋桨的进动、反作用力矩和滑流扭转作用等。

三、固定翼无人机的组装步骤

对于尺寸近似有人机的固定翼无人机,一般应参考有人机的装配要求。

一般固定翼无人机的组装步骤及顺序如下。

① 平台组装

② 动力装置组装

③ 飞控系统组装

④ 电气系统组装

⑤ 机载设备组装组成

一般固定翼无人机产品组装步骤由其生产单位确定,在不影响飞行性能的前提下,部分组装顺序可适当调整,并且不同的固定翼无人机产品,其组装步骤可能会要求两个或两个以上的系统并行组装。

四、固定翼无人机平台组装

(一) 大型无人机组装连接

固定翼无人机的平台通常包括机翼、机身、尾翼和起落架等,控制舵面通常包括副翼、升降舵和方向舵等。

组装过程主要是机翼与机身的连接、尾翼与机身的连接、起落架与机身的连接。

各部分之间的对接原则、对接接头的位置和数量取决于机翼的结构受力形式和机翼的尺寸。

1. 机翼与机身的连接

机翼与机身的连接结构形式与机翼相对机身的位置、机翼受力结构是否穿过机身以及机翼的结构形式有关。一般有下列几种配置情况。

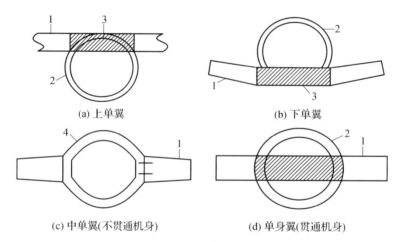

(a) 上单翼   (b) 下单翼

(c) 中单翼(不贯通机身)   (d) 单身翼(贯通机身)

1—机翼;2—机身加强框;3—穿过机身部分;4—锻造框

图 2.3.10　机翼与机身的连接结构形式

(1) 机翼不贯穿机身的连接

对于机翼不贯穿机身的配置情况,机翼与机身的加强框相连一般采用集中接头对接。集中连接接头形式如图 2.3.12 和图 2.3.13 所示。

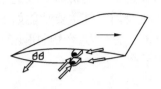 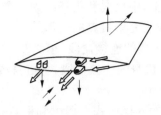

(a) 传递弦向阻力和水平弯矩　　　(b) 传递垂直和展向力以及垂直弯矩和扭矩

图 2.3.11　集中连接受力

(a) 水平耳片叉耳连接形式　　　　　(b) 垂直耳片叉耳连接形式

1—机身框接头；2—翼梁接头

图 2.3.12　叉耳连接形式

 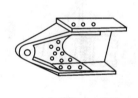 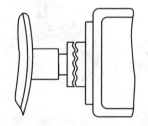 

（a）螺桩式连接接头　　　　　（b）垂直耳片铰接接头　　　　　（c）齿垫式接头

图 2.3.13　集中连接接头的几种形式

（2）机翼贯穿机身的连接

机翼贯穿机身主要指中央翼贯穿机身的结构形式，机翼的对称弯矩传入中央翼后在中央翼平衡，而机翼上的反对称弯矩、扭矩和剪力则通过接头传给机身。

中央翼，全称中央翼盒，指机翼的中段，主翼就连接在此段上。

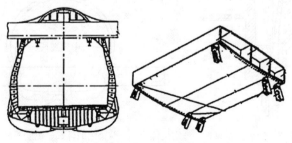

图 2.3.14　中央翼

在大型无人机上,中央翼和机身结为一个整体,并连接发动机短舱及起落架。中央翼盒是连接左、右机翼成为完整机翼的盒形结构件,位于机身内。其主要功能如下。

① 作为左、右机翼的连接盒段,承受左、右机翼传来的升力、弯矩、扭矩等载荷;

② 作为机翼与机身的连接盒段,与机身载荷相平衡;

③ 作为油箱使用。

中央翼与机身的连接形式有翼梁和框直接连接形式、翼梁和加强框过渡连接形式和嵌入式连接形式等几种。

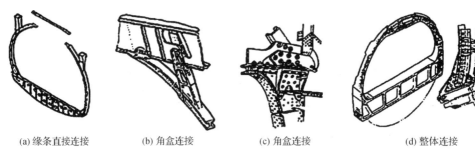

(a) 缘条直接连接　　(b) 角盒连接　　(c) 角盒连接　　(d) 整体连接

图 2.3.15　翼梁和框直接连接

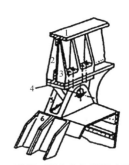

(a) 通过中、外翼汇交处的　　(b) 翼梁与加强框通过　　(c) 翼梁与加强框通过　　(d) 翼梁下缘条与加强框连接
双叉耳接头和加强框连接　　过滤接头连为一体　　过滤接头连为一体

图 2.3.16　翼梁和加强框过渡连接

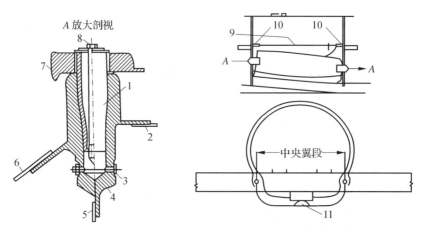

1—空心销;2—中央翼梁腹板;3—定位螺栓;4—前梁大锻件;5—侧肋腹板;
6—中外翼梁腹板;7—机身框大锻件;8—塞子;9—地板;10—地板固定点;11—三角梁

图 2.3.17　嵌入式连接

2. 尾翼与机身的连接

尾翼垂直安定面和水平安定面的结构与机翼非常相似,也是由梁、桁条和肋构成的骨架以及外部铆接蒙皮构成。

(1) 某无人机垂直安定面与机身的连接

其前梁和后梁下部的接头分别与机身尾段两个加强隔框横梁上的接头用螺栓固定连接。

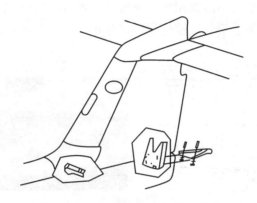

图 2.3.18　垂直安定面与机身连接

(2) 某无人机的全动平尾与机身的连接

为其主梁上的接头与固定在机身尾部隔框上的支架铰接。配重的作用是把平尾的重心前移到铰链轴线上,防止飞行中舵面在气流激励下发生颤振。

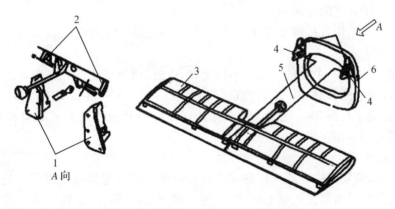

1—固定在隔框上的铰接支架;2—全动平尾铰接接头;3—全动平尾;
4—铰接轴承;5—配重;6—隔框
图 2.3.19　全动平尾与机身的连接

3. 起落架与机身的连接

起落架通常固定在机身加强框和(或)纵梁上,可以采用起落架舱,它一般由垂直腹板、水平加强板和两端的加强框形成,起落架支点的开口周围用加强构件加强。

（二）中型及以下无人机的组装连接

中型及以下固定翼无人机,机翼与机身常用的连接形式主要有螺栓连接、卡扣连接,插销连接、橡皮筋捆绑、黏胶连接等。

1. 连接方式

（1）螺栓连接

螺栓连接,是无人机组装中最常用的一种连接方式,其好处在于装拆方便,利于检修,可以增加预紧力防止松动,不会引起连接处材料成分相变。

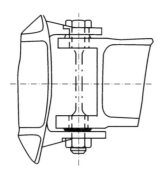

（a）直接螺栓连接   （b）插销和螺栓连接

图 2.3.20 螺栓连接

螺栓连接主要应用于机翼与机身的连接,尾翼与机身的连接,起落架与机身的连接。并且经常与其他连接方式配合使用。

机翼与机身可采用直接螺栓连接,也可采用插销连接＋螺栓连接的结构。

（2）卡扣连接

卡扣连接,是用于一个零件与另一零件的嵌入连接或整体闭锁的机构,通常用于塑料件的连接,其材料通常由具有一定柔韧性的塑料材料构成。卡扣连接最大的特点是安装拆卸方便,可以做到免工具拆卸,一般来说,卡扣连接需要与其他连接方式配合使用,连接较稳定。机翼与机身的卡扣连接。

（3）橡皮筋捆绑

橡皮筋捆绑,是指用橡皮筋采用捆绑方式将机翼与机身连接并固定在一起,如图 2.3.22所示。此方式常在轻微型无人机上应用,组装简便、拆装容易、重量轻是它的主要特点,但是此种方式在飞行中易损坏,且一旦损坏必须更换,无法修复。

（4）黏胶连接

黏胶连接,是指直接用合适的黏胶将无人机的相关部件黏接在一起的方式。该方式比较方便,价格也相对便宜。但用此种方法无人机稳定性差,易损坏,受温度影响较大,炎热天气下胶水易化开,导致模型不牢固而影响使用。

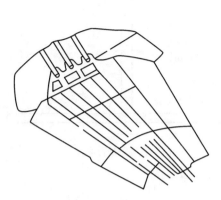

图 2.3.21　卡扣连接　　　　　　　　图 2.3.22　橡皮筋捆绑

2. 组装要点

（1）机翼组装

轻微型固定翼无人机的机翼组装一般分为左、右两部分的连接，尾翼的组装方式与机翼类似。

① 机翼连接方式应符合要求，黏接、螺接等都应保证牢固可靠不松动。

② 安装后机翼的安装角、上反角及后掠角等应符合要求，一般安装上反角加强片，或支撑杆等，强度应足够承担飞行时的机翼载荷，安装后机翼的合缝处与机身纵轴线重合或机翼沿纵轴线对称。

图 2.3.23　安装角

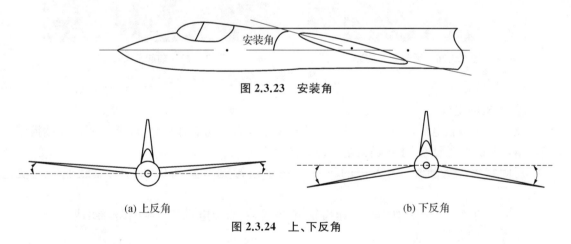

（a）上反角　　　　　　　　　　　　　　　（b）下反角

图 2.3.24　上、下反角

（2）尾翼组装

尾翼安装与机翼安装类似，分为分离式和一体式。

安装完成前，应检查尾翼的安装角，先将尾翼插进到机身槽口，仔细检查尾翼的安装角度是否准确。从俯视的角度检查水平尾翼是否左右对称，从后视的角度检查垂直尾翼是否垂直于机身和水平尾翼。

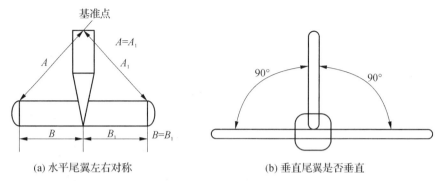

(a) 水平尾翼左右对称　　　　　　　(b) 垂直尾翼是否垂直

图 2.3.25　尾翼的安装角

（3）起落架组装

起落架组装主要按照说明书要求,安装在规定位置,例如:某无人机采用后三点式起落架安装,前两轮的用压片紧固在机身上,起落架后轮应安装在中立位置。

图 2.3.26　后起落架安装

图 2.3.27　前起落架安装

（4）舵机安装

① 舵机的组成

舵机也叫伺服电机,最早用于各类航模中实现其转向功能,由于可以通过程序连续控制其转角,因而被广泛应用于各类机电一体化产品中。

在固定翼无人机中,无人机的飞行姿态是通过调节发动机和各个控制舵面来实现的。

一般来讲,舵机主要由舵盘、减速齿轮组、电位器、直流电机和控制电路等组成。

② 舵机的分类及选型

按照工作电压可分为:普通电压舵机(4.8～6 V)和高压舵机(6～7.4 V;9.4～12 V)。高压舵机的优点就是发热小,反应更灵敏,扭力更大。

按照是否防水可分为:全防水舵机和普通舵机。

按照工作信号可分为:模拟舵机和数字舵机。数字舵机反应变得更快,加速和减速时也更迅速、更柔和,且提供更高的精度和更好的固定力量。

选型:某舵机的技术参数,考虑应用场合及性能指标,综合考虑尺寸、种类、扭矩、齿轮介质、工作模式等方面选择。

图 2.3.28 舵机

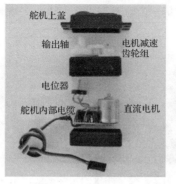
图 2.3.29 舵机结构

图 2.3.30 舵机原理图

表 2.3.1 舵机的参数

最大脉宽	900~2 100 μs	电机型号	无刷电机	
最大及角度	120°	电位器类型	日本 NOBLE 220°	
电机	空心杯	芯片类型	数字	
重量	59 g	齿轮组材质	铝合金	
轴承	3BB	线长	330±5 mm	
输出齿	25T	线径	0.3mm²	
连接线	JR 256 mm	线芯数量	60	
死区	1μ			
电压	6.0 V	7.4 V	8.4 V	
速度	0.12 sec/60°	0.10 sec/60°	0.1 sec/60 ℃	
扭力	25.2 kg·cm	28 kg·cm	32.3 kg·cm	
快速持续工作电流	600 mA	700 mA	800 mA	
堵转电流	2 500 mA	2 800 mA	3 000 mA	

③ 安装要求

舵机的执行部分主要由摇臂、连杆及舵角组成,舵机的指针型摇臂适合方向舵和升降舵使用,一字型和十字型适用于副翼使用。

舵角一般是一个三角形的固定件,安装在无人机副翼、尾翼的活动面上,通过连杆与舵机摇臂连接,遥控控制活动面摆动调节无人机飞行轨迹。

图 2.3.31 舵机的执行部分

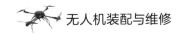

可以通过调整连杆在舵机摇臂和在舵角上的安装位置,实现舵面偏转量的设置。

图 2.3.32　舵机固定件

安装过程中的注意事项如下。

① 同一舵面的各个铰链的中心线应该在一条直线上,并且位于舵面的中心。

② 控制摇臂的转动点应该与铰链的中心线在同一个平面上。

③ 舵机摇臂应该与铰链中心线平行,调整摇臂使得键槽与键齿相配合,尽量不要使用遥控器的中立位置调整功能来调整舵机的中心位置。

④ 使用高级的带轴承的连接附件和精密加工的铝制舵机摇臂,可以更好地完成设置。

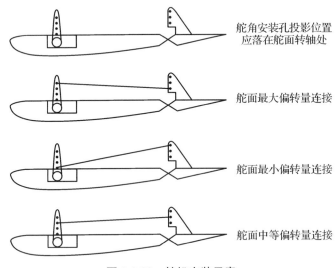

图 2.3.33　舵机安装示意

五、固定翼无人机动力系统的组装

（1）推重比选择

推重比,是指无人机发动机推力/拉力与无人机飞行重力之比。该参数是衡量动力系统乃至整机性能的重要参数,很大程度上影响飞行性能。固定翼无人机的动力系统在配置时选择的推重比必须达到或超出设计的推重比。

（2）重量要求

翼载荷是无人机单位面积升力面所承受的气动力载荷。翼载荷可衡量飞行中机翼的受载状况,直接影响到无人机的飞行性能。翼载荷小,飞行速度慢,无人机的操纵性和机动性较好;翼载荷大,飞行速度快,无人机的机动性较差,但飞行阻力小,抗风性和穿透性较好。

（3）安装符合配平要求

无人机的配平对飞行性能影响很大,因此在选配和安装动力系统时,都要格外注意无人机的配平。

一般在选择零部件初期和进行改装、动力升级时,都应大致估算动力系统的总重,规划各部件的安装位置,保证动力系统的安装,必须符合配平要求,保证重心处于设计位置。

尤其电动动力系统的重量占无人机总重的比例较大。安装时,尽可能通过移动电池的方法调整无人机的重心位置,尽可能做到"零配重"或小配重。如果发生受空间等限制无法配平,或需较大重置配重的情况,则应考虑更改动力系统的配置,或修改无人机总体布局设计。

（一）电动系统组装

1. 电动系统的组成

固定翼无人机的电动系统由螺旋桨、电动机、电调、电池组成。

2. 选配要求

（1）选配流程

① 根据估算的翼载荷和推重比,得出动力系统应提供的拉力大小选出合适级别的电机和螺旋桨组合。

② 依据所选电机的最大额定电流,选择所需电调,电调的标称电流应大于电路最大额定电流。

③ 参照电路的稳定电流,并根据整机的重量要求,选择一块合适的动力电池。

（2）选配原则

在遵循配置原则的基础上,小型及以下固定翼无人机采用电动系统时,可以参考一些经验数据,如表2.3.2所示。

表2.3.2　电机规格

（按定子直径分类）	17/18	22	28	35	41
外形尺寸(mm)	外径22～24 长度20～36	直径28 长度20～40	直径35～38 长度30～45	外径41～45 长度40～60	外径50～58 长度40～60
常见型号	2223 1806	2826 2208	3542 2820	4250 3520	5050 4120
KV值	1 000～2 500	700～2 000	500～1 500	400～1 000	300～600
螺旋桨直径(in,1 in=2.54 cm)	6～10	9～12	11～14	13～15	14～16
最大转速范围(r/min)	7 000～10 000	600～9 000	5 000～8 000	400～1 000	300～600
最大电流(A)	10	15～20	25～45	35～70	50～8 s
电池规格(mA·h)	2 s 800/1 300	3 s 1 300	3 s/4 s 2 200	3 s/4 s 4 400	5 s/6 s 大于5 000
拉力范围(kg)	0.3～0.8	0.8～1.5	1.5～2.5	2.0～3.0	2.5～3.5

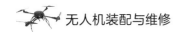

在初步选配后,还应主要考虑以下几方面的内容。

① 螺旋桨的选择

螺旋桨的拉力受直径、桨叶面积影响,因此在其他条件允许的情况下,可尽量选择大直径的螺旋桨。

② 电机的选择

在电流、功率等参数相同的情况下,大直径、小长度的电机往往比小直径、大长度的电机具备更好的散热能力。

③ 电调的选择

电子调速器额定电流应与电机的工作电流一致,其标称电流应大于或等于电路的最大额定电流。

④ 电池的选择

电池的重量占动力系统总重的比例最大,对翼载荷、推重比等参数影响较大,因此它的选配需要仔细权衡。

8S锂电池的满电电压大约为33.6 V(8×4.2 V),人体所能承受的安全电压为36 V,因此,使用过程具有一定的危险性,一般不建议使用8S以上的锂电池组,在确实需要如此大功率输出的模型无人机上,可采用多发布局,或采用油动动力系统。

3. 组装要求

(1) 电动系统组装

① 电机安装

电机安装角是一个十分重要的设置,它的设定关系到无人机的飞行稳定性。在固定翼无人机安装里尤为重要和明显。

拉力线是指固定翼无人机的发动机/电机(带动螺旋桨)产生拉力/推力的轴线。拉力线与无人机的机身轴线的夹角,就是电机安装角,一般是指右拉角和下拉角,相对于机身轴线来说,电机轴线无人机前进方向的右前方延伸角度是右拉角,向前下方延伸的角度是下拉角。

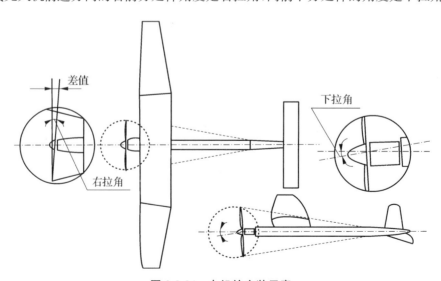

图 2.3.34 电机的安装示意

78

② 电调安装

电子调速器的连接方法是调速器的三芯插头（即信号插头）直接插入接收机的油门通道。

无刷电机与调速器的三条连接线没有固定的连接顺序，一般是先按顺序或导线的颜色连接，在试车时如果发现电机的旋转方向不对，可调换任意两条接线的位置。

电动无人机的操作一定要先打开遥控，开机前要确认油门操纵杆放到了最低位置，然后再接通动力电源。

③ 螺旋桨安装

螺旋桨安装一般根据所配固定翼无人机的机型有不同要求，如某油动固定翼无人机采用木质螺旋桨，用螺纹连接固定，注意螺旋桨有字的一面都应该朝向无人机的前进方向。

图 2.3.35　螺旋桨安装

（二）油动系统组装

1. 油动系统组成

（1）螺旋桨

螺旋桨的介绍参见"固定翼无人机的气动特点"。

（2）发动机

按工作方式可分为二冲程发动机与四冲程发动机。按燃料分可分为甲醇发动机和汽油发动机。

（3）舵机

舵机的主要作用是控制节气门改变空气燃料混合比，以此来调节发动机的输出功率及转速。

（4）辅助系统

要保证发动机正常工作，还需要一些必要的辅助系统。它们主要有进气系统、燃料系统、点火系统、冷却系统、启动系统、定时系统和散热系统等。

2. 选配要求

（1）选配流程

① 根据估算的翼载荷和推重比，得出动力系统应提供的拉力大小选出合适级别的发动机。

② 根据发动机选择与之匹配的螺旋桨。

③ 根据无人机结构、燃料性质选择合适的辅助系统。

（2）选配原则

① 发动机级别选择

根据无人机级别确定发动机的级别，对于小型及以下固定翼无人机，发动机的部分选用配合，如表 2.3.3 所示。发动机的级别是按汽缸的工作容积计算的，计量单位有英制（级）和公制（mL）。

表 2.3.3　发动机级别

发动机英制级别（级）	发动机公制级别（mL）	无人机翼展（m）	飞行重量（g）
10～15	1.6～2.5	0.8～1	800～1 000
15～20	2.5～3.3	1～1.25	1 000～1 200
20～25	3.3～4.0	1.25～1.3	1 200～1 400
25～30	4.0～4.9	1.3～1.35	1 400～1 800
35～40	5.7～6.5	1.35～1.4	1 800～2 200
40～45	6.5～7.4	1.4～1.5	2 200～2 500
45～50	7.4～8.2	1.5～1.6	2 500～3 000
50～60	8.2～9.8	1.6～1.8	3 000～4 000

② 发动机类型选择

二行程发动机转速较高，经常用于低成本的小型无人机。

四行程发动机转速较低、油耗低、噪声也小，经常作为特技无人机和中型无人机的动力。

③ 螺旋桨的选择

磨合用的螺旋桨和正常飞行用的螺旋桨不同，磨合用螺旋桨重量应大些、直径应小些，螺距（桨距）要大些，以便于增加发动机的起动能力和鼓风能力，部分螺旋桨与发动机的匹配，如表 2.3.4 所示。

表 2.3.4　螺旋桨旋转

发动机级别（级）	磨合用螺旋桨规格（直径×螺距）（in）	飞行用螺旋桨（直径×螺距）（in）
10	7×5	7×4/7×5
15	7×5,8×5	8×4
20、21	8×5,8×6	8×5,9×4
25	9×6	9×5,10×4
30、32	10×6,10×7	10×5,10×6
35	10×6,10×7	10×5,10×6
40	10×7	10×6,10×7
45、46	10×7,11×7	10×7,11×6
50、52	11×6	11×7,12×6
60、61	11×8	12×6,12×7,12×8

3. 组装要求

（1）发动机检查

① 检查发动机的清洁程度

清洁非常重要，极少的脏物或沙土进入发动机内部，运转后会引起发动机的严重磨损。检查时，应从排气口和进气口等地方着手。

　　发动机的外部也应保持干净,外部脏物容易进入发动机内部,平时要保持清洁,去除油污、脏物或沙土。

　　② 检查各个零件数量及质量

　　根据发动机说明书或前面介绍的内容进行检查。

　　发现零件缺少或损坏,均不能安装使用,应配齐、调换或修理方能使用。对于易损件应按要求常备并定期更换。

　　③ 检查安装情况

　　检查安装位置是否正确,安装是否牢固,安装的正反方向是否符合说明书要求等,应严格按照安装步骤进行检查。

　　④ 检查发动机的内部情况

　　关键是检查气缸和活塞的配合情况。

　　先装上螺旋桨,慢慢地左右拨动,使曲轴跟着左右转动,根据转动过程中的情况判断气缸与活塞的配合是否合适,若不合适应该根据说明书作出适当调整,同时还应试验活塞和气缸的气密性。

　　(2) 发动机安装

　　发动机根据无人机机身设计要求,安装到机身上。

　　注意安装发动机一般配有发动机架,安装应用专用的螺杆螺帽,同时加上螺丝胶或橡胶垫。

　　(3) 螺旋桨安装

　　将螺旋桨装在曲轴前部的两个垫片间,转动曲轴使活塞向上运动并开始压缩,同时将螺旋桨转到水平方向,然后用扳手拧紧桨帽,并把螺旋桨固定在这个位置上。

　　初次练习起动时,可用直径较大和较重的螺旋桨。既容易起动,又不易反转和打手。起动技术熟练后,再换用短一些的螺旋桨。地面练习起动用的螺旋桨,其桨叶可做得厚些,并要很好地平衡。

　　(4) 其他要求

　　油箱是保证发动机正常工作的一个重要部件,安装时注意油箱油面高度和喷油管的相对位置。一般是使油面和喷油管在同一水平面上或稍低几毫米,往油箱加油时应当注意这一点。

　　油箱要尽可能靠近发动机。

　　要经常检查油管是否畅通,不要被脏物堵塞。

　　要注意检查油路漏气情况。

项目三 无人机调试

【项目导读】▶▶▶▶

无人机组装完成后,要进行硬件和软件调试才能实现稳定飞行。针对不同的无人机飞控、无人机构型、无人机任务载荷,常采用不同的调试方法。本项目详述了无人机调试原则、不同飞控多旋翼无人机调试步骤、无人直升机调试步骤和固定翼无人机调试步骤、无人机硬件调试及常见调试故障分析。

【知识目标】▶▶▶▶

熟悉无人机调试原则。

掌握多旋翼无人机常见飞控调试要点。

掌握无人直升机常见飞控调试要点。

掌握固定翼无人机常见飞控调试要点。

掌握无人机硬件调试步骤。

熟悉常见无人机调试故障。

【技能目标】▶▶▶▶

能独立完成多旋翼无人机的常见飞控调试。

能独立完成无人直升机的常见飞控调试。

能独立完成固定翼无人机的常见飞控调试。

能独立完成无人机硬件调试。

任务一 无人机调试原则

无人机的机身结构、动力系统、通信系统和控制系统装配完成后,为了实现无人机的可靠运行和人机安全,必须对无人机进行调试。

一、外观机械部分检查

在无人机调试操作中,外观机械部分检查是无人机调试的首要环节,上电前应先检查机械部分相关零部件的外观。主要包括以下几个方面。

检查螺旋桨是否完好，表面是否有污渍和裂纹等（如有损坏应更换新螺旋桨，以防止在飞行中飞机震动太大导致意外）。

检查螺旋桨旋向和位置是否正确，安装是否紧固，用手转动螺旋桨查看旋转是否有干涉等。

检查电机安装是否紧固，有无松动等现象（如发现电机安装不紧固应停止飞行，使用相应工具将电机安装固定好）。

用手转动电机查看电机旋转是否有卡涩现象，电机线圈内部是否干净，电机轴有无明显的弯曲。

检查机架是否牢固，螺钉、螺栓等有无松动现象。

检查飞行器电池安装是否正确，电池电量是否充足。

检查飞行器的重心位置是否正确。

螺旋桨、电机、中间连接件必须同心、垂直。

螺旋桨要与机架以及机架的重量匹配，正旋和反旋螺旋桨需要刚度一致。

二、电子部分检查

无人机调试的电子部分是调试操作的重要内容，电子部分检查的主要内容如下。

检查各个接头是否紧密，插头焊接部分（杜邦线，XT60，T插头，香蕉头等）是否有松动、虚焊、接触不良等现象。

检查各电线外皮是否完好，有无刮擦脱皮等现象；检查电子设备是否安装牢固，应保证电子设备清洁、完整，并做好相关防护（如防水、防尘等）。

检查电子罗盘指向是否和飞行器机头指向一致；检查电池有无破损、鼓包胀气、漏液等现象。

检查地面站、地面站屏幕触屏、各界面操作是否正常。

GNSS模块安装要远离电源、电调、电机、其他电子部件和含铁的金属物。

飞控器安装时白色箭头指向无人机正前方，飞控器需要安装减震海绵，飞控器需要安装靠近无人机重心的地方，无论是水平方向还是垂直方向上。

检查安全按钮位置是否正确。

三、上电后检查与调试

无人机上电后检查与调试操作内容如下。

插入电源模块前，务必确保电源模块的电压在5～6 V之间，以免意外烧坏飞控。

电池接插时，要区分是串联电路还是并联电路，以免插错导致电池烧坏或者是飞控烧坏。

连接飞控电源线的时候，注意红线黑线的电源方向不要插反，否则可能烧坏飞控。

上电后，地面站与无人机进行配对，点击地面站设置里的配对，先插电源负极，点击配对插上正极，地面站显示配对即可。

检查遥控器操控模式（美国手、日本手等）、信号连接情况、电量是否充足、各键位是否复位、天线位置等；打开地面站，检查手柄设置是否与遥控器相对应，检查超声波是否禁用，飞机的参数设置是否符合要求。

遥控器配对成功以后,先不装桨叶,解锁轻微推动油门,观察各个电机是否旋转正常。

如果需要插接电调的红色 5 V BEC 电源线,则插上前务必测量电调 BEC 电压,市场上电调的 5 V 电压经常有问题。

检查电调指示音是否正确,LED 指示灯闪烁是否正常;进行油门行程校准的时候,最好不装桨以免误伤自己。

检测时切勿贴近或接触旋转中的电机或螺旋桨,避免被螺旋桨割伤;确保电机运转正常后,点击地面站上的磁罗盘校准。

起飞前必须确定 GNSS 模块中的卫星数量达到 17 或 17 颗以上,方可起飞作业。

试飞过程中,务必提前观察飞机运行灯的状态,以及地面站所显示的 GNSS 星数,及时做出预判。

测试飞行,以及航线的试飞,观察无人机在走航线的过程中是否需要对规划好的航线进行修改。

飞行的遥控距离为飞机左右两侧 6～7 m,避免站在飞机机尾的正后方;新手快要撞到人的时候,记得把油门拉最低。

检查各电子设备有无异常情况(如异常震动、异常声音、异常发热等);确保遥控器、电池以及所有部件供电量充足。

使用完以后,请立即将电池与飞机插头拔开,如果不拔,锂电池一直在给飞机供电,处于放电状态,锂电池长时间过放会报废。

对环境的检查:周围环境是否适合作业(恶劣天气下请勿飞行,如风速五级及以上、下雪、下雨、有雾天气等)及起降场地是否合理(应选择开阔、周围无高大建筑物的场所作为飞行场地,大量使用钢筋的建筑物会影响指南针工作,而且会遮挡 GNSS 模块的搜星信号,导致飞行器定位效果变差甚至无法定位),调试空域有无申报。

任务二 多旋翼无人机调试

由于使用飞控不同、调参软件不同,不同多旋翼无人机调试存在差异,本任务主要介绍几种常用多旋翼无人机飞控的调试。

一、多旋翼无人机调试概述

多旋翼无人机将机架、飞控系统、动力系统和通信系统等硬件组装后,为了实现无人机的良好飞行及功能要求,必须进行合理的调试,调试工作关系着飞行性能及安全。根据调试过程中是否需要安装螺旋桨,可分为无桨调试和有桨调试两个过程。

1. 无桨调试主要内容

(1)连接所有线路,接通电源,进行首次通电测试,检查飞控、电调、电机和接收机是否正常通电,检查有没有出现短路或断路现象。

(2)检查遥控器,进行对频及相关设置。

（3）将飞控连接到电脑，用调试软件（地面站）对飞控进行调试。

（4）接通电源用遥控器解锁飞控，推动油门检查4个电机的转向是否正确。

2. 有桨调试主要内容

（1）安装螺旋桨，根据电机转向正确安装螺旋桨。

（2）限制飞行器，将飞行器放在安全防护网内试飞，或通过捆绑的方式限制飞行器。飞行器第一次试飞可能会出现各种意外情况，通过防护网或捆绑可以有效地保护人员和设备安全。

（3）飞行测试，通过飞行状态检验飞行器是否正常。

二、多旋翼无人机 PID 参数调节

1. PID 概述

在闭环自动控制技术领域里都是基于反馈的概念以减少不确定性，其反馈的要素包括测量、比较和执行。测量关键的是被控变量的实际值与期望值相比较，用偏差来纠正系统的响应，执行调节控制。在工程实际中，应用最为广泛的调节器控制规律为比例、积分、微分控制，简称 PID 控制，又称 PID 调节。

2. 不良的 PID 值的表现

当无人机 PID 参数调整不良时，主要会发生以下三种情况。

（1）动态响应太快或太慢。

（2）控制过冲或不足。

（3）抖动、无法顺利起飞和降落、自稳能力弱、摔机。

3. 较好的 PID 值的表现

PID 参数调整较好时，无人机操控会更为流畅，主要表现为以下三个方面。

（1）动态响应迅速、及时。

（2）控制既不过冲也不欠缺。

（3）无抖动、飞行平稳、自稳能力强、动作迅速有力。

4. PID 手动调参

PID 手动调参主要有以下两种方式。

（1）一种是直接感受无人机的飞行情况，从感观上来判断问题所在，然后再逐步调试。

（2）利用飞控调试软件的黑匣子功能，里面有电机在飞行过程中的震荡记录，根据记录来调试。

手动调试时，首先把 D、I 置 0，加大 P 值，使飞行器适当过冲开始震荡，然后增加 D 的数值，拉低 P 调节后的作用，使过冲现象放缓，直到调到不过冲为止。最后加上 I 调节。根据实际试飞的情况，确定飞行的姿态、误差，然后进行微调（如果在调试架上调试良好，一般在实际飞行的时候不会出现问题）。当调节好滚转、俯仰、方向上的 PID 后，要进行试飞，确定飞行器稳定性，避免炸机。

5. PID 自动调参

（1）PIX 飞控自动调参功能

自动调参功能可以自动调整 Stabilize P、Rate P 和 Rate D 的参数，从而得到更高的灵活

性,同时也不会过大的超调。通过在飞行中不断的横滚(roll)和俯仰(pitch)动作得到最佳的 PID 参数。

(2)自动调参步骤

多旋翼无人机进行 PID 调参时,除了用手动调参,还可以使用自动调参,主要步骤如下。

① 设定定高模式。

② 在起飞时确保通道 7 或通道 8 处于低位,起飞后在一个合适的高度切到定高模式(定高模式下无人机只是高度保持不变,但在水平方向会漂移,需操纵者时实控制无人机水平位置,高低位置不需要控制)。

③ 当无人机姿态相对稳定后,将通道 7 或通道 8 拨至高位以开启自动调参模式。如果想终止自动调参,只需要把通道 7 或通道 8 打回低位,此时自动调参将会终止并且切回自动调参前的 PID 参数。

④ 经过数分钟的偏摆动作后,无人机将会切回自动调参前的 PID 参数。如果想测试自动调参得到的 PID 参数的飞行效果,需要把通道 7 或通道 8 先切回低位,再打到高位,此时使用的就是自动调参得到的 PID 参数。如果想继续使用自动调参前的 PID 参数,把通道 7 或通道 8 打到低位。

6. 参数的保存

采用自动调参参数:如果觉得自动调参得到的 PID 参数飞行效果不错,在给无人机上锁时保持通道 7 或通道 8 高位,这样新的 PID 参数将会保持并且覆盖自动调参前的 PID 参数。

不采用自动调参参数:如果觉得自动调参得到的参数不理想,在给无人机上锁的时候保持通道 7 或通道 8 低位,此时自动调参得到的参数就不会保存。或者将自动调参的参数保存后再重复进行一次自动调参,有时调一次效果不好,可选择多调一次。

三、多旋翼无人机飞控软件调试

(一)多旋翼无人机软件调试步骤

多旋翼无人机调试内容主要为调试软件(地面站)对飞控进行调试,其调试步骤如图 3.2.1 所示。

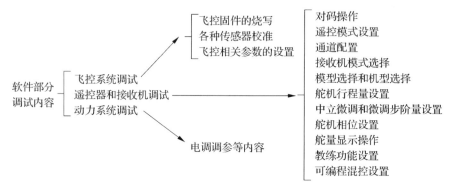

图 3.2.1 多旋翼无人机软件调试步骤

（二）常用飞控及调试软件介绍

调试软件是指飞控调试用的软件,除了价格低廉的闭源飞控外,大部分飞控都能支持调参,都有相应的调试软件。常用的几款飞控与对应的调试软件如表 3.2.1 所示。

表 3.2.1　常用飞控及对应调试软件

飞控	调试软件
CC3D	OpenPilot GCS
F3、F4 飞控	Cleanflight、Betaflight
NAZA	Zadig
MWC	Arduino
APM PIXHAWK	Mission Planner

1. F3 系列飞控调试

SP Racing F3 飞行控制器简称 F3 飞控,是为飞手提供高性能的飞行体验而设计的,具有经过验证的传感器算法,同时还提供较强的 I/O 能力,较CC3D 飞控使用了新一代的 CPU,把设计浓缩到一个轻巧的 PCB 上。

（1）F3 飞控驱动程序的安装

F3 飞控驱动程序安装,安装 F3 飞控驱动程序,安装完成后,设备管理器端口栏如图 3.2.3 所示。

图 3.2.2　F3 飞控板

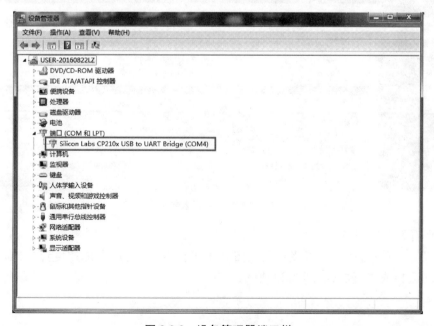

图 3.2.3　设备管理器端口栏

（2）调试软件的安装

F3 飞控软件安装：安装 Betaflight Configurator 软件或 Cleanflight Configurator 软件。选择可以添加扩展程序的浏览器，选择开发者模式，把安装好的飞控调参软件加载到浏览器扩展模块中，加载后在浏览器点击启动。

（3）烧写固件

把 BOOT 端口与调试计算机连接，打开软件 Betaflight Configurator 软件，点击左侧固件写入菜单栏，选择对应的飞控板，选择固件版本号，按照需求把四个开关选择到合适的位置（飞控的 BOOT 端短接或 BOOT 按钮按下，需要选择无重启顺序选项；擦除整个芯片选项用来清除目前存储在飞控板上的所有配置数据；默认速度或者蓝牙烧写程序时不支持手动波特率，另外通过 USB DFU 烧写固件时不能使用手动波特率；显示不稳定的固件选项用来

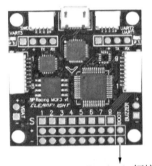

Bootloader短接端

图 3.2.4　　BOOT 端口

显示候选版本和开发版本），可选择载入网络固件或本地固件，选择好后点写入固件，如图 3.2.5 所示。烧写固件的注意事项：① 不要尝试烧写固件到非 Cleanflight 兼容的飞控。② 烧写固件时不要断开连接或关闭电脑。③ STM32 的 Bootloader 存储在 ROM 中。④ 自动连接在写固件时不会生效。⑤ 烧写固件前要保存一个备份。⑥ 如果遇到问题，首先拔掉飞控的连接线，然后尝试重启，升级软件和驱动。⑦ 直接连接 USB 接口时，仔细阅读 Betaflight 手册 USB Flashing 这一章节，并保证软件和驱动已正确安装。⑧ 为飞控选择合适的飞控版本，固件烧写错误会导致异常发生。

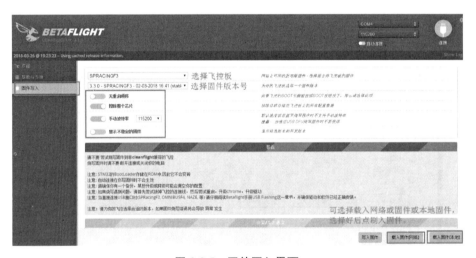

图 3.2.5　　固件写入界面

（4）查看无人机姿态

点击设置菜单栏，把飞控或飞行器放置在水平位置，然后点击加速度计校准，在校准期间不能移动飞控或飞行器，如图 3.2.6 所示。

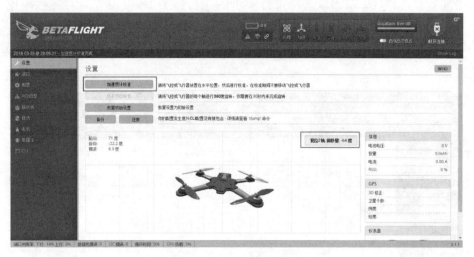

图 3.2.6 加速度计校准

（5）端口设置

点击端口菜单栏,端口设置过程中需关注电池电量、电机解锁、保护模式、端口连接状态及其他传感器的连接状态,按照需求选择各端口合适的开关。如图 3.2.8 所示。

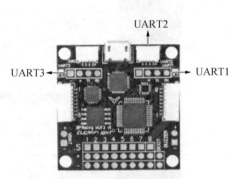

图 3.2.7 飞控板上三个端口

端口设置的注意事项:① 不是所有的选项组合都是有效的。② 不要关闭第一个串口的 MSP,可能会导致飞控不能连接调参软件。如果关闭了第一个串口的 MSP,可能需要重新烧写固件和清空所有配置。

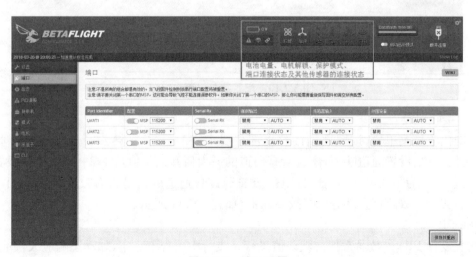

图 3.2.8 端口设置

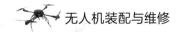

（6）飞控配置

点击配置菜单栏（图3.2.9），选择符合要求的飞行器类型，飞控方向对齐栏根据飞控安装方向与机头方向确定，电调电机参数栏选择合适的协议，并按照需求打开对应开关，选择合适的接收机模式和串行接收机厂商，如图3.2.10所示右边栏目如果没有对应的传感器，建议选择关闭开关。

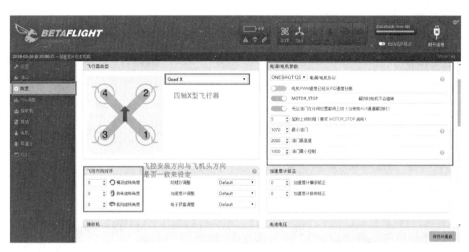

图3.2.9 配置菜单界面（一）

图3.2.10 配置菜单界面（二）

（7）接收机设置

点击接收机菜单栏，按照文档接收机部分要求，配置串口、接收机模式、串口接收机厂商、绑定接收机、设置通道映射，配置所有通道的最大值和最小值从1 000到2 000，设置和修正中点值（一般为1 500），配置摇杆死区，查看验证各通道的值是否有效或超出范围。在起飞前按照文档的故障保护部分配置故障保护，如图3.2.11所示。

（8）PID调参

初次设置PID参数通常保持默认值飞行。飞行中出现不稳定，如动态响应太快或太慢、控制过冲或不足、抖动，无法顺利起飞和降落，自稳能力弱，摔机，按照要求调整相应的PID参数，如图3.2.12所示。

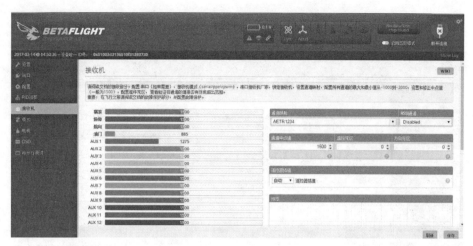

图 3.2.11　接收机界面

PID 作用概述：

① P 产生响应速度和力度是 I 和 D 的基础。过小响应会慢,过大会产生振荡且不断发散。

② D 抑制过冲和振荡,抵抗外界的突发干扰,阻止系统的突变。过小系统会过冲,过大会减慢响应速度。

③ I 在有系统误差和外力作用时消除偏差、提高精度,同时也会增加响应速度,产生过冲。过小时消除偏差的速度慢,过大会产生振荡。

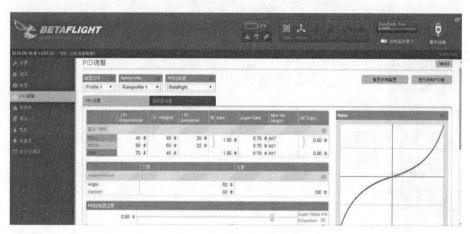

图 3.2.12　PID 调整界面

（9）飞行模式

点击模式菜单栏,设置解锁通道和模式开关,无人机主要模式有:角度模式(自稳模式)、水平模式(半自稳模式)、手动模式,对于穿越机初学者,一定要打开自稳模式开关,否则飞机很难操控。除了主要模式还有一些辅助模式:空中模式当油门打到最低时还可以控制飞机;反重力模式飞行时模拟无重力。一般反重力模式和空中模式默认开启,增加飞行的顺滑,如图 3.2.13 所示。

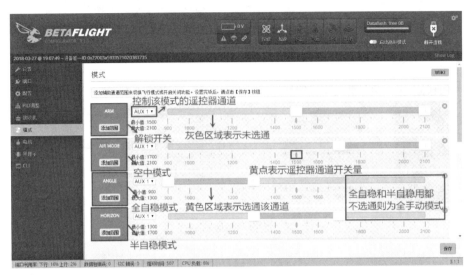

图 3.2.13　飞行模式设置界面

（10）遥控器控制蜂鸣警报器（寻机模式）

当飞控接有蜂鸣警报器（BB 响）时，打开该寻机模式，会发出哔哔响声，用来辅助飞手寻找无人机，如图 3.2.14 所示。

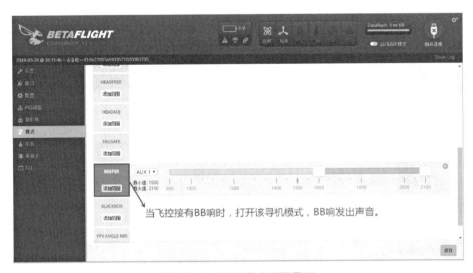

图 3.2.14　寻机模式设置界面

（11）命令行调试

某些无人机主控会出现没有识别到传感器情况，在设置前要进行 CLI 命令行调试，点击 CLI 菜单栏，把飞控相关的命令粘贴到 CLI 中，回车执行命令，之后输入 save，回车保存配置，如图 3.2.15 所示。

图 3.2.15　CLI 命令行设置界面

（12）电机电调行程校准

调试完成后点击电机菜单栏，通过飞控模拟油门舵量，控制电机油门值，拖动控制滑块，电机会启动，如图 3.2.16 所示。注意：为了防止造成伤害，在使用这一功能之前确保移除所有螺旋桨。

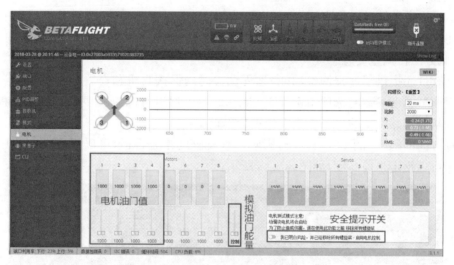

图 3.2.16　电机设置界面

2. NAZA 系列飞控调试

NAZA-M"哪吒"系列飞控，如图 3.2.17 所示，是 DJI 专为多旋翼爱好者打造的新一代轻量级多旋翼控制平台，创新的一体化设计理念，将控制器、陀螺仪、加速度计和气压计等传感器集成在了一个更轻更小巧的控制模块中，同时可提供 D-Bus 支持，且支持固件在线升级，功能、硬件均可扩展。

图 3.2.17　常用 NAZA 飞控

NAZA-M"哪吒"系列各飞控特点如表 3.2.2 所示。

表 3.2.2 NAZA-M 飞控分类

型号	特点	适用人群
NAZA-M LITE	入门级产品,以 V1 平台开发,可以加 GPS,无更多扩展功能。	适合初学者和只需要飞行平台的玩家使用。
NAZA-M V1	第一代 NAZA 产品,官网已停售。	
NAZA-M V2	第二代 NAZA 产品,在 V1 的基础上硬件结构做了优化,极强的扩展性能。支持 Zenmuse H3-2D/NAZA OSD/NAZA 蓝牙模块/IOSD/地面模块。	适合重度玩家使用,足够的扩展性能能够搭建完善无人机系统,能够满足大部分玩家的要求。

（1）调试软件安装

在大疆官网下载对应飞控的调试软件,按照步骤进行安装,部分调试软件证书过期,可以调整电脑系统时间打开软件。

（2）感度调试

基本感度参数调节时每次调大 10％直到飞行器出现轻微抖动,然后参数减小 10％直到飞行器能够悬停,再减小 10％参数。这时候感度是适合飞行的,但飞行器改变姿态的速度变慢,按照此方法再调整姿态感度。

另外软件还提供了远程调参功能,远程调参时确保接收机和设置遥控器正确连接。在想要远程调节感度参数的选项中选择 X1 或 X2,一个通道可以对应多个感度。远程调节参数的范围从当前感度值的一半至当前感度值的两倍。

垂直方向的感度对手动模式没有影响。垂直感度是否合适,可以观察油门在中位时飞行器是否可以锁定当前高度,如图 3.2.18 所示。

图 3.2.18 感度调节界面

（3）增强型失控保护

增强型失控保护在主控失去控制信号的情况下会被触发。增强失控型保护包括降落和自动返航降落两种方式，自动返航需要用到 GPS 模块，GPS 信号不好时飞行器不会返航。接入 GPS 模块时可以根据需求选择降落或者返航降落。如果没有 GPS 模块，触发失控保护后飞行器将自动降落。

在系统接收的 GPS 星数大于等于 6 并持续 8 秒的情况下，第一次推动油门杆，系统会自动记录当时飞行器位置为返航点。设置返航点尽量在起飞前进行，并且明确飞行器记录的返航点位置，确保返航飞行安全。

悬停返航过程中，切换手动或姿态模式，飞控会退出增强失控保护模式，飞手将重新获得飞行器控制权，如图 3.2.19 所示。

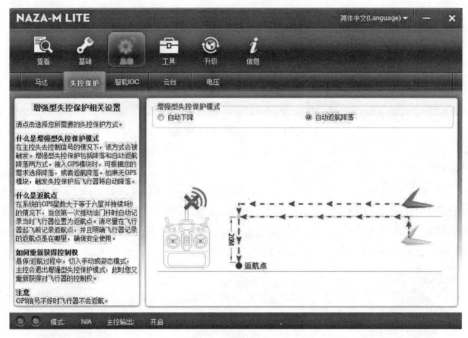

图 3.2.19　失控保护设置界面

（4）智能方向控制

设置智能方向控制功能时，要把遥控器上某个三位开关作为智能方向控制开关。该开关同时也用于手动记录相应模式下的内容（航向或返航点）。

设置智能方向控制功能时要确保接收机对应的端口接入主控的 X2 通道。在调参软件选中"智能方向控制"复选框开启该功能。拨动开关，使调参软件通道 X2 的光标分别移至不同位置并使相应区域变蓝。

如果使用的是 S-Bus PPM 接收机，通道映射默认为 6 通道对应的开关。如果拨动开关时调参软件对应区域不变蓝，需使用遥控器 end-point 微调功能，将软件中输入通道 X2 所示的滑块分别移至不同模式并使相应区域变蓝。飞行前要通过手册了解该功能的使用方法，如图 3.2.20 所示。

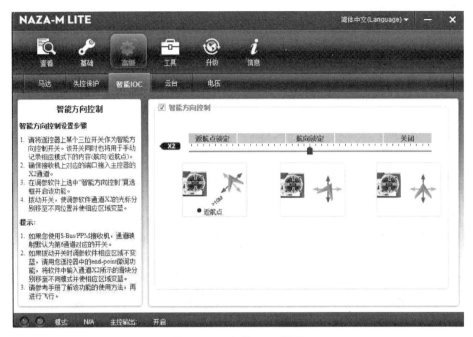

图 3.2.20　智能 IOC 界面

3. PIX 系列飞控调试

PX4,早期的 PIXHAWK,PX4FMU 和 PX4IO 采用分体式设计;PIXHAWK,最主要的、使用最广泛的版本;PIXHAWK2,3DR 的 solo 无人机使用版本;PIXFALCON,轻量化的 PIXHAWK,接收 IO 输出,为 FPV 穿越设计的版本;PIXRACER,简化版 PIXHAWK,去除了协处理器,增加 Wi-Fi 功能,专为穿越设计的版本。

图 3.2.21　常见 PIX 系列飞控

（1）驱动和调试软件的安装

下载 Mission Planner 软件,并按照提示完成软件安装,如图 3.2.22 所示。连接飞控后查看设备管理器端口栏是否正常连接,如图 3.2.23 所示。打开软件在主界面的右上方端口选择下拉框那里选择对应的 COM 口,一般正确识别的 COM 口都有 PX4 FMU 标识,直接选择带这个标识的 COM 口,然后波特率选择 115 200。软件打开后不能直接点击 Connect 连接按钮,固件安装过程中软件会自动连接。在固件安装之前已经连接飞控,需要点击 Disconnect 断开连接,否则固件安装过程中会弹出错误提示。软件调试时需要用 USB 把飞控和电脑相连。

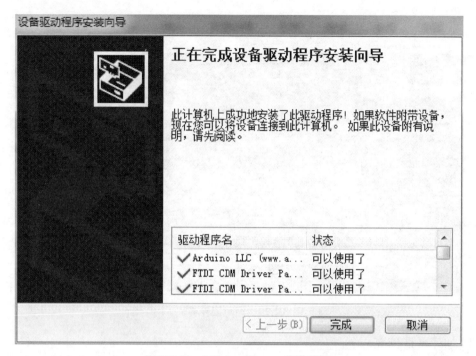

图 3.2.22　Mission Planner 安装界面

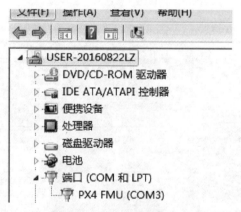

图 3.2.23　设备管理器 COM 端口

（2）烧写固件

点击初始设置菜单栏，选择左侧安装固件按钮，按照右侧图片选择对应的机型（如 X 型四旋翼），软件会自动连接官网下载相应机型的最新固件。烧写固件时不能用向导功能升级固件。点击四轴图标后，会弹出对话框，询问是否升级到最新版本，点击 YES。在连接过程中会弹出提示是否下载 ChibiOS，点击 NO。地面站就会自动从官网下载最新版固件，期间会弹出提示，需要先拔下 USB 线，点击 OK，再马上插上 USB 线，然后自动完成连接 PIX、写入程序、校验程序、断开连接等一系列动作，期间无需人工干预。固件安装提示 Done 成功后，飞控蜂鸣器会发出声音，待声音停止，点击确定。固件刷写完成。点击 Connect 连接 PIX，就能查看 PIX 实时运行姿态与数据，如图 3.2.25 所示。

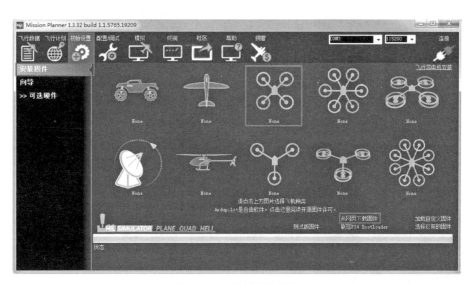

图 3.2.24　烧写固件界面

（3）加速度计校准

点击初始设置菜单栏，选择左侧必要硬件下的加速度计校准功能，点击校准加速度计。如图 3.2.25 所示。

图 3.2.25　加速度计校准界面

按照步骤提示把飞控或飞行器水平放置，单机软件右侧绿色按钮，如图 3.2.26 所示。

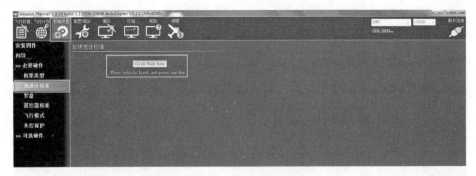

图 3.2.26　飞控水平放置

把飞控左侧或飞行器左侧向下放置，单机软件右侧绿色按钮，如图 3.2.27 所示。

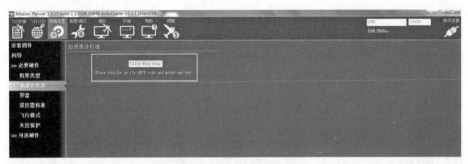

图 3.2.27　飞控左侧向下放置

把飞控右侧或飞行器右侧向下放置，单机软件右侧绿色按钮，如图 3.2.28 所示。

图 3.2.28　飞控右侧向下放置

把飞控箭头或飞行器机头向下放置，单机软件右侧绿色按钮，如图 3.2.29 所示。

图 3.2.29　飞控向下放置

把飞控箭头或飞行器机头向上放置,单机软件右侧绿色按钮,如图 3.2.30 所示。

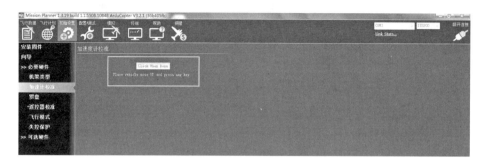

图 3.2.30 飞控向上放置

把飞控或飞行器倒过来放置,单机软件右侧绿色按钮,如图 3.2.31 所示。

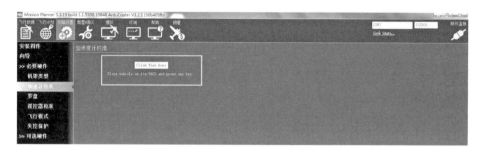

图 3.2.31 飞控倒置

校准完成,会显示 Calibration successful。如果校准失败,请重新校准。校准完加速度计,先断开连接,再断开 USB,重新连接,如图 3.2.32 所示。

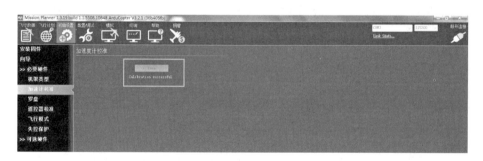

图 3.2.32 飞控成功校准界面

（4）罗盘或指南针校准

选择初始设置菜单,点击左侧罗盘/指南针选项,如使用内置罗盘则选第一个 Pixhawk/PX4,点击开始校准,如图 3.2.33 所示。飞控里面和 GPS 模块里分别各有一个指南针。GPS 里集成的指南针一般叫作外置罗盘,是 1♯;飞控里面的指南针叫作内置罗盘,是 2♯。注意:校准罗盘请远离金属构件、喇叭等强磁性东西。

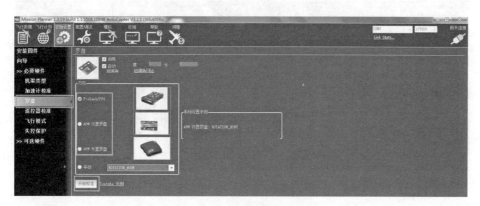

图 3.2.33　罗盘校准界面

　　沿各个轴对飞控进行圆周运动,至少延每个轴旋转一次,即俯仰 360°一次,横滚 360°一次,水平原地自转 360°一次,可以看到屏幕上的进程,如图 3.2.34 所示。

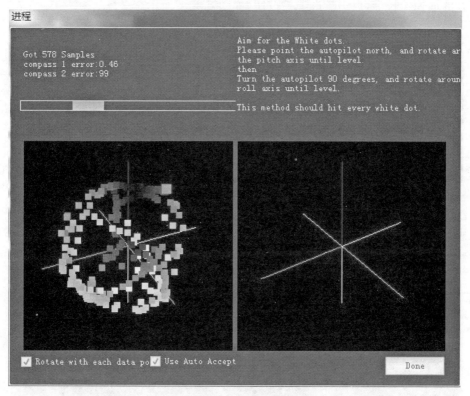

图 3.2.34　罗盘校准中界面

　　校准完成后要重启飞控。重新连接 USB 后,再连接地面站,指南针/罗盘页面就会提示罗盘/指南针的补偿量(误差量)。数值小于 400 为绿色代表数值正常可用,当大于 400 黄色代表警告,当超过 600 为红色不可用。大于 400 数值需要重新校准。校准完成后,如图 3.2.35 所示,点击 OK 完成罗盘校准。

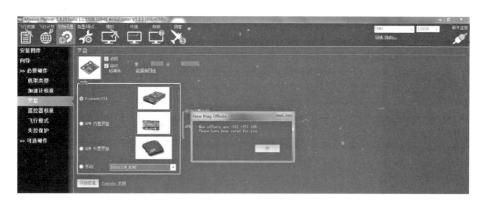

图 3.2.35　罗盘校准完成界面

（5）遥控器校准

连接 PIXHAWK 的 USB 数据线，然后打开遥控器发射端电源，运行软件，按步骤选择好波特率与端口后点击 Connect 连接 PIXHAWK，接着点击初始设置菜单栏，选择左侧必要硬件下方的遥控器校准，点击校准遥控按钮，如图 3.2.36 所示。

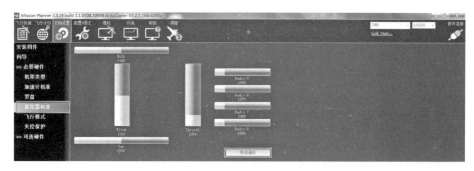

图 3.2.36　遥控器校准界面

点击校准遥控后会依次弹出两个提醒：第一个是确认遥控发射端已经打开，第二个是接收机已经通电连接，确认电机没有通电，如图 3.2.37 所示。

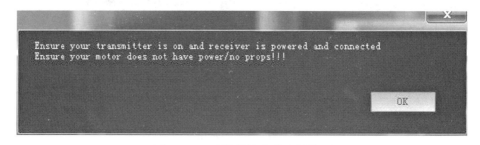

图 3.2.37　遥控器校准前确认界面

点击 OK 开始拨动遥控开关，使每个通道的红色提示条移动到上下限的位置，如图 3.2.39所示。

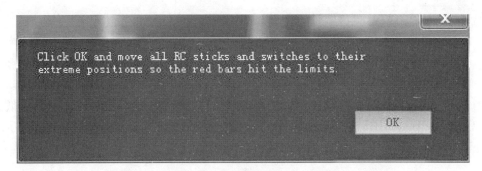

图 3.2.38　遥控器校准步骤

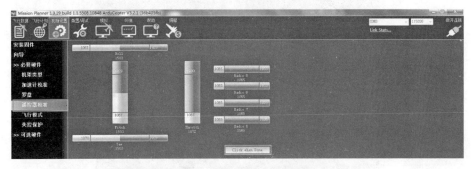

图 3.2.39　遥控器滑块移动界面

当每个通道的红色指示条移动到上下限位置的时候,点击 Click when Done 保存校准时候,弹出两个 OK 窗口后完成遥控器的校准,如图 3.2.40 所示。

图 3.2.40　遥控器校准完成界面

(6)油门行程校准

① 飞行器和遥控器全部断电。

② 遥控器上电,油门保持最大。

③ 飞控上电(在此之前请连接好电调、电机,禁止装螺旋桨)。

④ 飞控正常启动完成,电机"嘀嘀"粗响两声。

⑤ 飞控断电再上电,长响一声很粗的声音。

⑥ 按下安全开关按键,到灯变成长亮,电机"嘀嘀"两声。

⑦ 油门拉到最低,电机"嘀嘀嘀——嘀"四声。

⑧ 行程校准完毕,此时可以推高油门看看电机转速升高效果。

(7) 解锁启动

① 解锁安全开关。安全开关解锁动作是先长按解锁开关,当听到"嘀——嘀——嘀——嘀——"音乐后,说明解锁已准备好。

② 通过安全开关后,再检测遥控第三通道最低值+第四通道最右值,即油门最低,方向最右,无论是左手油门还是右手油门,只要操作摇杆使油门最低,方向摇杆最右(PWM 值最大)即可执行 PIXHAWK 的解锁动作,如图 3.2.41 所示。

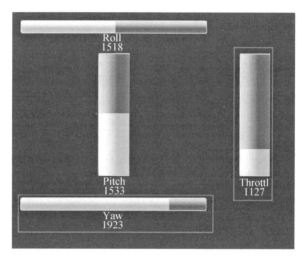

图 3.2.41　解锁时滑块位置

(8) 飞行模式配置

配置飞行模式前同样需要连接软件与 PIXHAWK,点击"初始设置"菜单,选择"飞行模式",就会弹出飞行模式配置界面,然后设置所需的飞行模式,如图 3.2.42 所示。Mission Planner 常用的飞行模式有:AltHold(定高)、Loiter(悬停)、Rtl(返航)、Land(降落)、Circle(盘旋)、Stabilize(自稳)、CRUISE(定高定向)、Manual(手动)、AUTOTUNE(自动调参)、Auto(自动)、Acro(特技模式),如需要用到六种飞行模式,需要遥控器上一个三位开关和一个两位开关配合选择飞控飞行模式。

图 3.2.42　飞行模式设置界面

(9) 失控保护

失控保护是当飞行器失控时自动采取的保护措施,PIXHAWK 的失控保护菜单配置。

触发 PIXHAWK 失控保护的条件有两个,分别是低电量和遥控信号丢失。

①电量过低失控保护

在右侧 Battery 框中选择低电量标准,下拉菜单中选择飞行器电量过低时的处理方式,如图 3.2.43 所示。

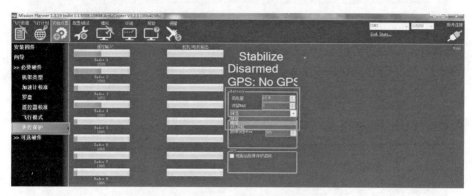

图 3.2.43　电量过低失控保护界面

②遥控信号丢失保护(油门 PWM 过低)

在右侧 Radio 框中选择故障保护 PWM 值,下拉菜单中选择飞行器遥控信号丢失时的处理方式,如图 3.2.44 所示。

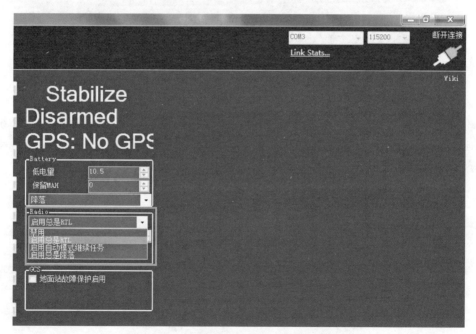

图 3.2.44　遥控信号丢失保护界面

(10)命令行的使用

Mission Planner 地面站中的 Terminal(命令行终端)是一个类似 DOS 环境的串口调试工具,通过它可以测试传感器的原始输出数据流,也可以配置 PIXHAWK 的其他功能,如图 3.2.45 所示。

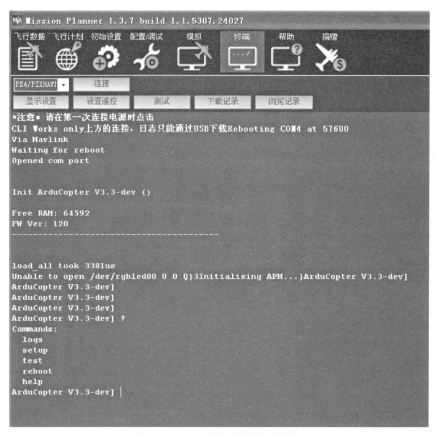

图 3.2.45　命令行终端调试界面

4. A3 系列飞控

A3 和 A3 Pro 采用全面优化的姿态解析以及多传感器融合算法,精准可靠。系统具备强大的适应性,可在不同类型的飞行器上实现参数免调。当六轴或八轴飞行器出现动力故障时,容错控制系统可以让飞行器自动稳定飞行姿态,保障飞行安全。

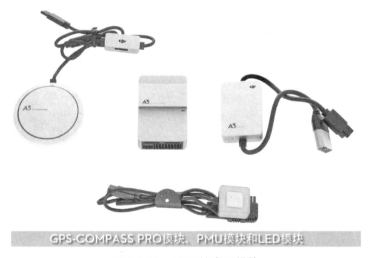

GPS-COMPASS PRO模块、PMU模块和LED模块

图 3.2.46　A3 飞控常见模块

（1）安装 A3 飞控调试软件 DJI Assistant 2。

（2）将 LED 模块上的 USB 和电脑连接，接通无人机飞控电源。

（3）进入设备页面，点击 A3 设备进入"概览"页面，在该页面可以看到主控的各种状态和设置，如图 3.2.47 所示。

图 3.2.47　DJI Assistant 2 软件概览界面

（4）左侧选项栏"基本设置"，进行飞控的设置。基本设置包括飞控系统和飞行平台的安装匹配及遥控与 ESC 设置。

（5）点击"机架"页面，如图 3.2.48 所示，选择"选择机架类型"按照画面动态图来选择使用飞行器的类型，如四轴、六轴、八轴等。

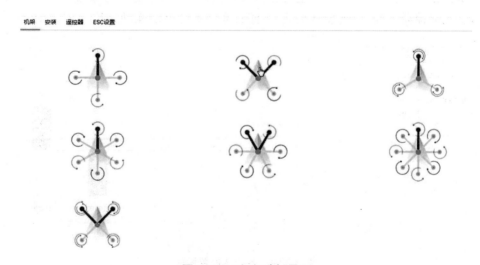

图 3.2.48　机架选择界面

（6）IMU 设置。IMU(inertial measurement unit,IMU)是测量物体三轴姿态角或角速率以及加速度的装置。输入相应 IMU 相对飞行器重心的位置，并设置 IMU 的安装方向。

（7）GPS 设置。输入相应 GPS 模块相对飞行器重心的位置，如图 3.2.49 所示。

机架　安装　遥控器　ESC设置

选择安装形式：　A3 Pro ▾

内置IMU	外置IMU1	外置IMU2
●	● ●	● ● ●
X 10	X 60	X 930
Y 30	Y 50	Y 50
Z -90	Z -70	Z 76

IMU安装方向：

向前 ▾	向前 ▾	向前 ▾

GPS1	GPS2	GPS3
●	● ●	● ● ●
X 80 ▲▼	X 60	X 10
Y 20	Y 50	Y 10
Z -10 ▲▼	Z -150	Z -150

图 3.2.49　IMU 和 GPS 设置界面

（8）遥控器设置。遥控器设置主要分两项内容，一是选择遥控器类型为 SBUS、DBUS 或 LB2；二是遥控器校准，点击校准页面，按照页面提示进行校准，如图 3.2.50 所示。

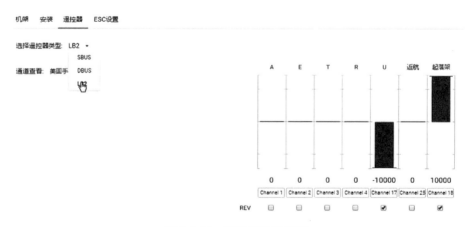

图 3.2.50　遥控器设置界面

（9）ESC 设置。点击进入"ESC 设置"，如图 3.2.51 所示，按照所使用的电调类型选择 "DJI 电调"或"其他电调"，然后使用电机测试功能测试所有电机转向是否正确，如果不正确 则将电机三根电源线任意两根对调。

图 3.2.51 电调设置与电机测试界面

（10）飞行设置。点击左侧"飞行设置"，进行安全相关的设置，这里可进行两项设置内容的查看和修改，分别是"操控 EXP"设置，如图 3.2.52 所示，和"感度"设置，如图 3.2.53 所示，分别是操控的手感和飞行的感度。

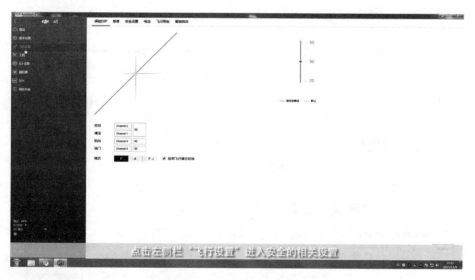

图 3.2.52 操控 EXP 设置

图 3.2.53　感度设置

（11）安全设置。返航开关打开，选择"背向航点"或"朝向航点"，返航高度。"电池"设置，如图 3.2.54 所示，以及"电芯数量""低电压报警"参数设置，如图 3.2.55 所示。

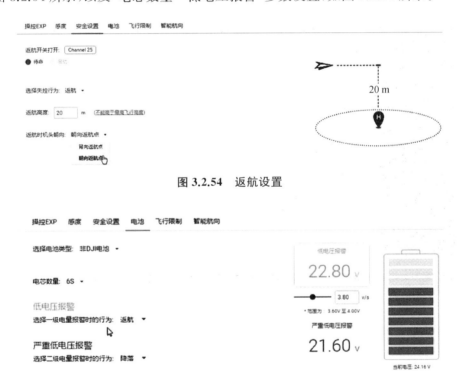

图 3.2.54　返航设置

图 3.2.55　电池低电保护行为设置

　　本书主要就介绍以上几种常用的多旋翼飞控调试软件，无人机软件调试需要细致耐心和丰富的经验，要把无人机调试的稳定，需要长期的调试练习和反复的调节修正。

【扫码观看视频】

任务三　无人直升机调试

无人直升机的调试基本分为机械部分调试、遥控器调试（调试陀螺仪前分别要对遥控器进行调试）和陀螺仪（飞控）调试三部分，三个部分相互配合调试完成，才能算调试出一架无人直升机。

一、机械部分调试

无人直升机机械部分调试主要在于处理各个机械部分配合问题，使无人直升机各方面配合处于相对完美的状态，以下几方面介绍了无人直升机机械部分的调试。

（1）传动齿微调：将电机、传动齿、尾杆的长度调节到相互配合顺滑的状态，电机上一般是可以对电机进行前后微小的调节，如图 3.3.1 所示，尾杆的长度一般也可以根据传动齿的锁紧程度或者皮带的松紧程度来进行前后微小的调节，利用这些微小的调节调整好三者的配合程度，达到拨动主旋翼整个无人直升机传动机制能够顺滑的进行，没有过于紧密的卡顿或者过于松弛的滑动脱落。

图 3.3.1　无人直升机传动齿轮微调

（2）伺服舵机中立位置：将电调、伺服舵机、陀螺仪、遥控器接收机按照标准连线连接起来，拔掉无人直升机电机供电线，给无人直升机通电，舵机自然找到自己的中立位置，给舵机水平安装舵机摇臂，扭紧舵机摇臂螺丝，如图 3.3.2 所示。

（3）尾部调整：让尾舵找到中立位置，调整尾舵连杆，使得尾滑套与尾旋翼控制臂保持 90°垂直，安装尾舵机连杆，并利用水平尺将尾波箱调整到水平状态，如图 3.3.3 所示。

图 3.3.2　伺服舵机中立

图 3.3.3　尾浆调整

二、遥控器设置

遥控器检查的内容主要是通电后是否可以接通发出信号。不同产品的遥控器与遥控接收机的匹配操作是不同的。这里以 FUTABA 遥控器为例。

（1）将无人直升机四个伺服舵机按照陀螺仪连接线说明分别插入相对应的杜邦接口中，接线如图 3.3.4 所示。

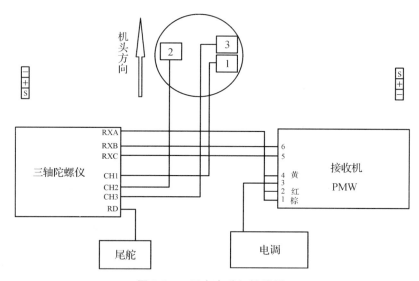

图 3.3.4　无人直升机接线图

（2）打开遥控器，拔掉无人直升机电调与电机的电源线。

（3）找到接收机 Link/Mode 键位，按下此键位接收机红灯长闪，3 秒后松开键位，接收机绿灯常亮，表示对码成功，如图 3.3.5 所示为对码成功后的接收机状态。

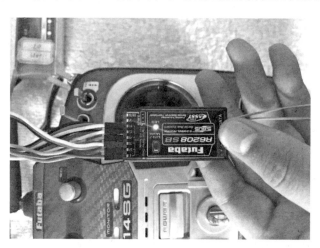

图 3.3.5　接收机对码

（4）拔掉无人直升机电源，将遥控器油门杆推到最高处，接通飞机电源等待电调"嘀嘀"音乐响起，再等待"嘀嘀"两声后将遥控器油门杆拉到最低，电调校准完毕。

（5）新建直升机模型：打开遥控器，双击遥控器 LNK 键，滑动滚轮找到菜单中 MODEL SEL 选项，继续滑动滚轮至 NEW 选项，长按 RTN 键 1 秒，将右侧的 AIRPLANE（固定翼模型）换成 HELICOPTER（直升机模型），滑动滚轮至 YES 键并长按 RTN 键 1 秒，直升机模型建立成功。

（6）油门熄火：双击遥控器 LNK 键，滑动滚轮进入菜单中的 THR CUT 菜单中，将下方 NORMAL 的 INH 选项改为 ACT，将 IDLEUP3 同样设置为 ACT，SW 选项设置一段开关，一般选择 SF，此时遥控器左下方 SF 开关打电机熄火为熄火状态，关闭则电机正常工作，设置界面如图 3.3.6 所示。

图 3.3.6　油门熄火设置

三、陀螺仪调试

直升机陀螺仪种类繁多，调参方法也各有不同，本书介绍的调参方法以 K‑BAR 直升机陀螺仪为例。

（1）打开遥控器，给无人直升机通电，打开电脑调参软件，用数据线连接陀螺仪与电脑，左上角出现 USB 已连接说明连接正常。

（2）根据所调无人直升机的型号，确定主旋翼敏捷度和陀螺仪增益数值（一般根据推荐而定），尾部偏航比率和陀螺仪增益也可根据推荐而定，之后再根据飞行状态和手感进行调整，如图 3.3.7 所示为 K‑BAR 陀螺仪调参基础界面。

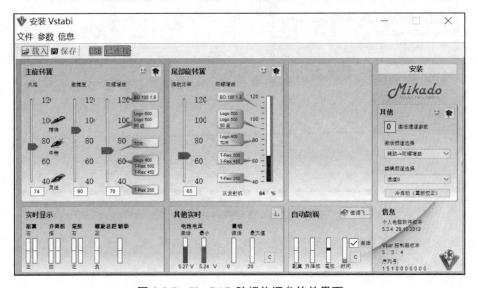

图 3.3.7　K‑BAR 陀螺仪调参软件界面

（3）电机右上方安装键，进入菜单栏，接收机选择默认，将遥控器遥杆放置于中立位置，点击设置中立点，得到副翼、升降、尾舵、总螺距处于相对平衡状态（位置为 0%），如图 3.3.8

所示。

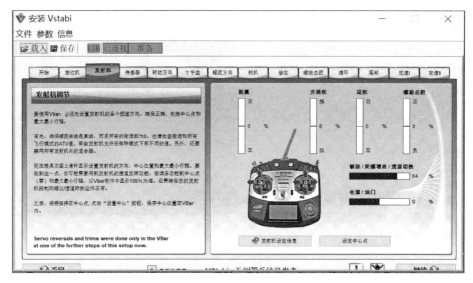

图 3.3.8　发射机设置界面

（4）如图 3.3.9 所示为传感器安装方向，一般都是按照图中的方向来安装陀螺仪传感器。

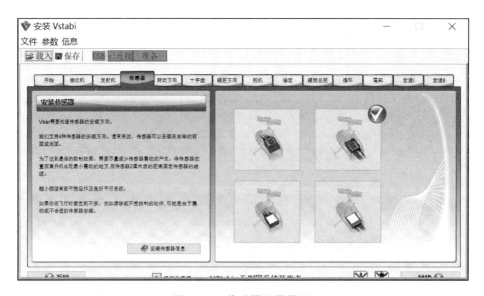

图 3.3.9　传感器设置界面

（5）转动方向常见直升机主旋翼都是顺时针旋转，如图 3.3.10 所示调参陀螺仪数据时也同样选中顺时针旋转。

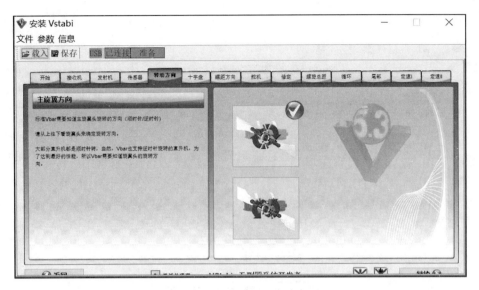

图 3.3.10　旋翼转动方向设置界面

（6）十字盘选项卡有 HR-3、H-3、H-4、H-1 几种类型，所调的直升机十字盘属于 HR-3 类型，所以需要选中它，如图 3.3.11 所示将常见的几种十字盘类型以图片方式展示，能更直观地辨别直升机十字盘所属类型。

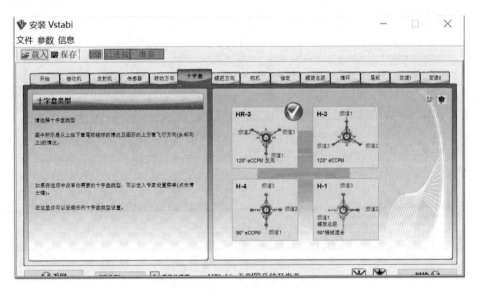

图 3.3.11　十字盘设置界面

（7）总距方向选项卡我们选择上升螺距，如图 3.3.12 所示符合直升机上升原理。

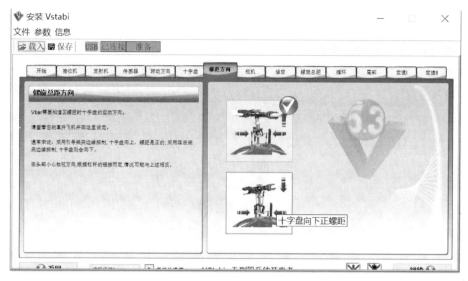

图 3.3.12　螺距方向设置界面

（8）如图 3.3.13 所示舵机选项卡中，需要推动油门杆，判断各个舵机是否为上升行程，如果是则不用更改，如果不是则需要改变相对应舵机的正反行程量。

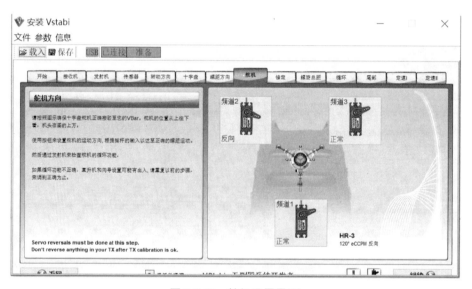

图 3.3.13　舵机设置界面

（9）修定选项卡中舵机可以进行微调，利用十字盘调平器对十字盘进行水平调整。将飞机主旋翼桨叶与机身处于同一水平，将螺距尺戴在桨叶中间，调整螺旋总距使得螺距尺为 0°，如图 3.3.14 和图 3.3.15 所示。

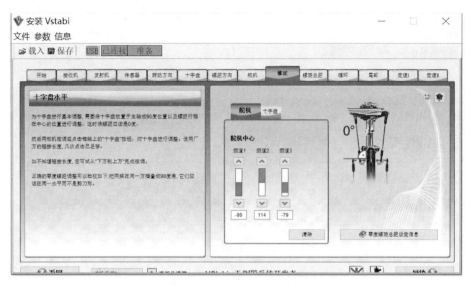

图 3.3.14　舵机十字盘修定界面

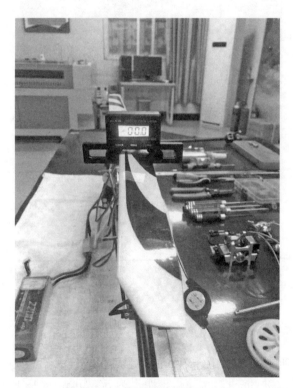

图 3.3.15　螺距尺调整桨叶水平

（10）螺旋总距选项卡中将油门推到最大，调整数值为 $80\sim100$，使得螺距尺为 $12°\sim14°$，如图 3.3.16 和图 3.3.17 所示。

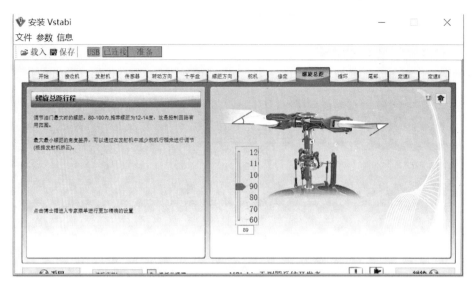

图 3.3.16 螺旋总距行程调整界面

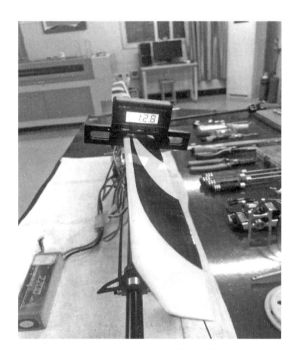

图 3.3.17 螺距尺辅助测量

(11) 如图 3.3.18 所示循环螺距选项卡中,将机体放平并将主桨叶放置尾管上方,螺距尺应该为 0°,点击测量按键,舵机微调使得螺距尺为 8°,如图 3.3.19 所示。

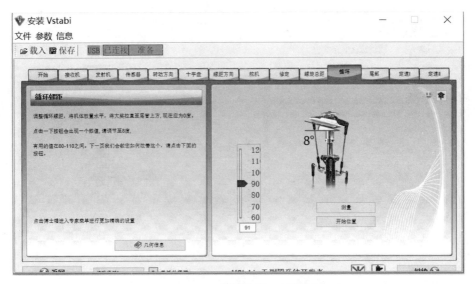

图 3.3.18　循环螺距设置界面

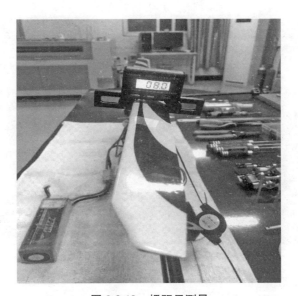

图 3.3.19　螺距尺测量

（12）尾部选项卡中拨动遥控器尾舵向左，尾滑套会向右偏移（如果不对需要点击尾部反向按键）调整逆时针指针数值使得尾滑套与桨夹留有 1～2 mm 间隙。同理拨动遥控器尾舵向右，调整方式相同，如图 3.3.20 和图 3.3.21 所示。

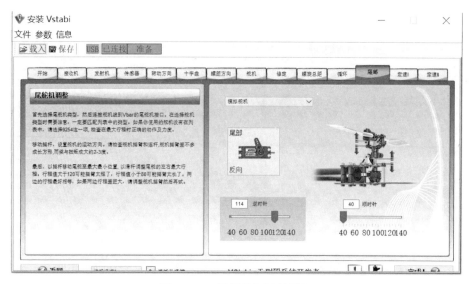

图 3.3.20　尾部舵机调整界面

图 3.3.21　尾桨桨距调整

四、陀螺仪调试后遥控器调试

（1）油门曲线调整：打开遥控器，双击 MOL 键，滑动滚轮至 THRCURVE，进入菜单后可以看到 5、4、3、2、1 五个油门挡位，分别代表油门杆从上至下，新手调整油门曲线不建议直接调为定速，建议 1 挡位设置为 0 油门，2 挡位设置为 40～50 的油门量，3 挡位之后均设置为 60～75 的油门量，然后拨动滚轮调节各挡位之间曲线平滑，得到推油门杆过中立位置以后，油门定速不变，控制螺距操作飞机，曲线如图 3.3.22 所示。

（2）螺距曲线调整：首先给无人直升机通上电，将桨叶与尾杆平行，把螺距尺夹在主桨叶中间位置，然后双击遥控器 MOL 键，滑动滚轮至 PITCURCE，进入菜单后可以看到 5、4、3、2、1 五个螺距挡位，分别代表螺距从高到低，（新手建议）滚动 1 挡位数值，调整螺距尺数值

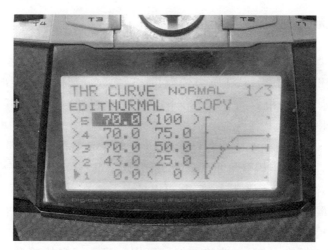

图 3.3.22　油门曲线调整

为一2度,调整2挡数值,使得螺距尺度数为0度,调整中立位置3挡和4挡数值,使得螺距尺度数为7~9度之间,5挡调整螺距尺度数不要超过12度,曲线如图3.3.23所示。

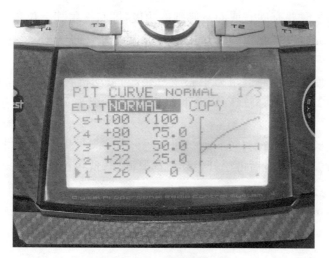

图 3.3.23　螺距曲线调整

　　无人直升机的调试方法如上所述,由于无人直升机装配情况、伺服舵机精密度以及电机电调各有不同,所以设置好之后需要飞行测试,根据飞机油门与螺距配合情况及时作出调整,调整出适合自己手感的飞行状态才算基本完成一架无人直升机的调试。

任务四　固定翼无人机调试

　　固定翼无人机调试主要有调试前检查和飞控调试两个部分。

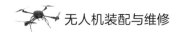

一、固定翼无人机调试前检查

1. 机翼、机身、尾翼相互位置的检查

固定翼无人机组装好以后，从正上方俯视并从后向前分别检查主要部件相互位置、角度和尺寸是否正确，尤其注意机翼的上反角和下反角，发动机的右拉角和下拉角。

（1）重心位置检查

重心位置关系到无人机的安全性和稳定性，一定要保证重心平衡。测试时用手指拖住机翼下方翼梁处并前后移动，当机身呈水平时，手指处就是重心位置。做好标记后，测量其距机翼前缘的距离，然后在除以平均翼弦长度，就可以算出重心在翼弦上的百分数，一般练习机为25%～30%。如果重心位置不对，可以通过前后移动电池或接收设备的方法调整重心。

（2）机翼平衡检查

如果机翼两侧重量不平衡，会造成偏航。可用一只手持螺旋桨轴，机身尾部放在箱子上，观察机翼下沉侧，进而调整平衡。可通过调整电池和接收机的位置来调节平衡，在条件允许的情况下，还可以通过增加重量来调节平衡。

2. 发动机拉力线的检查

一般发动机安装时要有向右或向下倾斜的角度，即右拉角和下拉角。

右拉角是为了克服右螺旋桨的反作用力和滑溜对尾翼的作用导致的偏航，右拉角一般为 $1.5°～2°$。

下拉角是为了使拉力线通过阻力中心或重心，当发动机转速变化、功率增加时，不会产生抬头力矩。上单翼阻力中心较高，因此下拉角也大，一般为 $2°～5°$；下单翼下拉角小，一般为 $0°～2°$。

发动机机架一般都有向右和向下倾斜的角度。在试飞过程中做直线飞行时若发现右拉角和下拉角偏大或偏小，返航后可松开发动机的紧固螺钉，纠正拉力线。

3. 起落架机轮的检查

用手指捏住垂直尾翼向前推，其在地面上滑行呈直线且不偏斜即可，如果偏斜就要纠正起落架和机轮。

4. 舵面操纵机构和舵面偏转舵角的检查

各操纵舵面连杆必须具有一定的刚性，以保证在舵面受力时连杆不会弯曲，否则会造成舵量不够。

舵机、连杆、连杆两端的钢丝接头，舵面上的摇臂、夹头，都应固定牢靠、不松动。

舵面动作的角度偏大或偏小都会影响操纵性，偏大会使操纵反应过快，偏小会使反应迟钝。舵面摇臂连接连杆的孔应与舵面接缝成一直线。舵机摇臂中立位置不能偏斜，否则会出现差动，导致舵面偏转的动作量不一致，影响控制。可通过改变连杆钢丝弯头在舵盘（或摇臂）上插孔的位置来调整舵面，插孔离舵机转盘越远舵面动作角度越大，反之越小。通过连杆连接舵面一端的舵角孔的位置来调整，孔越靠近舵面，舵面动作角度越大，反之越小。

舵面动作要灵活，操纵连杆不能与其他部件相互干扰，否则会出现卡死现象。

检查舵面动作方向是否与操纵连杆动作方向相对应。

遥控接收机和舵机应能正常工作，不出现跳频，检查遥控器电量。

二、固定翼飞行控制器调试

根据加载的固件类型不同，所适配的地面控制软件也不同，有的地面控制软件可以兼容多个类型的飞控固件。固定翼飞控调试的基本流程如下。

1. 加载固件

（1）下载安装 Mission Planner 地面站，地面站更新频繁，下载最近的版本即可。

（2）加载无人机固件，如图 3.4.1 所示。

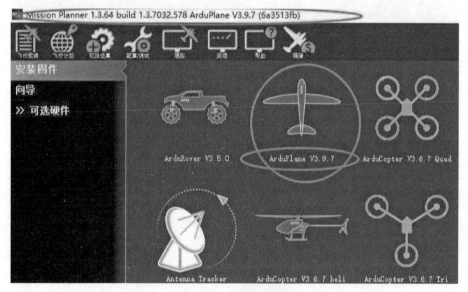

图 3.4.1　固件加载界面

2. 加速度计校准

（1）将飞控和地面站电脑连接，选择对应的串口进行连接。

（2）"选择初始设置""必要硬件""加速度计校准"，如图 3.4.2 所示。

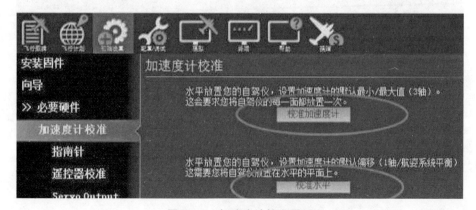

图 3.4.2　加速度计校准界面

（3）在水平面根据提示进行六面校准，可以用烟盒绑定，确认一面的话按任意键校准下一面，此步骤最好在飞控焊线前完成。

（4）无人机总装完成后，顶住飞机的重心，飞机保持水平后，再做一次水平校准。

3. 指南针校准

固定翼飞行通常通过 GNSS 指向，在指南针选项里把所有钩都去掉，禁用指南针，如图3.4.3 所示。固定翼无人机不需要地磁罗盘，因为地磁罗盘是在飞行器悬停原地不动的时候便于飞行器指向的，固定翼一直在向前飞，GNSS 罗盘一直能指向，不需要地磁罗盘。

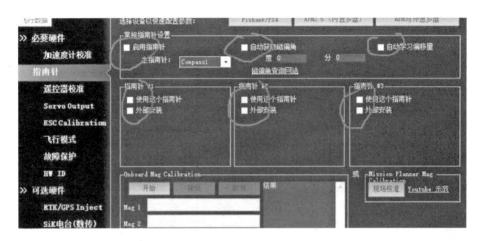

图 3.4.3 指南针校准界面

4. 遥控器校准

根据提示进行校准，如图 3.4.4 所示，点击右下角"校准遥控"按钮开始遥控校准。校准内容包括摇杆设定副翼、升降、方向（逆向）、油门（正向）。

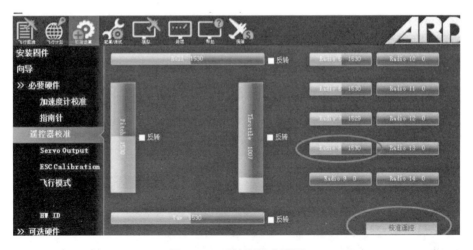

图 3.4.4 遥控器校准界面

5．舵机设置

舵机设置，也就是舵机和对应的插针设置，参数设置界面如图 3.4.5 所示。

（1）通道设为 Throttle 油门，对应飞控上的针脚。

（2）通道禁用。

（3）通道设为 ElevonLeft，接左副翼舵机。

（4）通道设为 ElevonRight，接右副翼舵机，勾选右副翼舵机反向。

注意所有改动后都要写入参数。

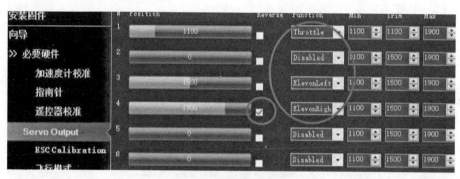

图 3.4.5　舵机设置界面

6．电调校准

建议在无人机总装完成再进行电调校准，因为通常固定翼无人机固件默认搜到卫星才能解锁。

将飞控切换手动模式，依次按照以下环节进行操作：油门最高，电池上电，断电，保持最高油门再上电，听到电调"嘀嘀"两声后油门最低，校准完成，然后再按要求恢复解锁的设定。

不能校准的原因：没有解除固定翼必须搜星才能解锁，没有解除打杆解锁或者是遥控器没校准好。

如果电调校准后发现手动模式下遥控器设置一半油门而电机并没到一半转速的时候，上调基本调参里的油门中立值，滑块右拉，但不要调太大。

7．飞行模式设置

用两位开关和三位开关的组合实现 8 通道控制 6 种飞行模式，设置界面如图 3.4.6 所示。当两段在上时，8 通道的三段开关从上往下依次是 Manual（手动）、AUTOTUNE（自动调参）、Auto（自动），两段在下时依次是 FBWA（自稳）、CRUISE（定高定向）、RTL（返航），手动和返航模式是必须设置的，其他模式可以按需选择，自动调参完成后可把 AUTOTUNE 改为特技模式（Acro），以实现翻滚和倒飞，Acro 模式也可以保持高度。

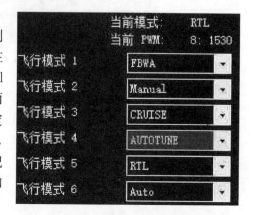

图 3.4.6　飞行模式设置界面

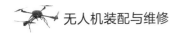

8. 失控保护设置

(1) 地面站中设置失控保护,把飞行模式打到返航(RTL)。

(2) 然后故障保护 PWM 设置为 1 050,勾选"油门故障保护",如图 3.85 所示。

(3) 然后将遥控器打到其他模式,关闭遥控器,看地面站或 OSD 的飞行模式有没改变,关控后飞机会先进入 Circle 盘旋模式几秒,然后再自动返航。

(4) 返航模式(RTL)下设置返航高度,在全参表中,ALT_HOLD_RTL 默认返航高度是 100 m,可以根据实际需要进行设置。

(5) 剩余电量失控保护,可以设置电池电压。

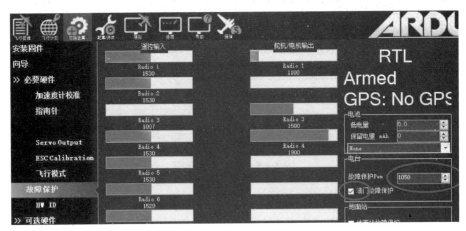

图 3.4.7 失控保护设置界面

9. OSD 设置

(1) "初始设置→可选硬件→OSD",点击"启用遥测"按钮,如图 3.4.8 所示。

(2) "配置调试→ 板载 OSD→ 根据需要",对着图传屏幕根据实际需求设置 OSD 界面。

图 3.4.8 OSD 启用遥测界面

10. 油门和航速设定

巡航油门是指维持飞机平飞的最低油门,一般来说,远航都是飞巡航模式,定高定向,这个油门就是维持平飞的基本油门值,和多轴油门中位悬停的意思差不多,油门摇杆处于中位,就是以这个值为基本速度进行飞行,中位以上就是加速,中位以下就是减速。油门和航速参数设置界面如图 3.4.9 所示。

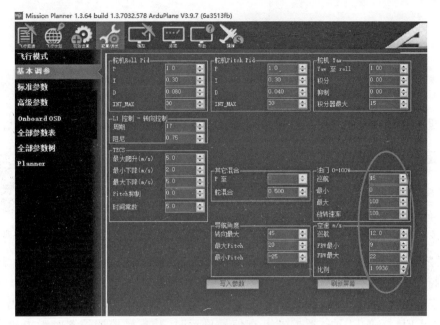

图 3.4.9　油门空速设定界面

11. 打杆解锁设置

全参设置界面表示飞控解锁时无需对罗盘和安全开关检查。

设置解锁参数：ARMING_REQUIRE＝1，ARMING_RUDDER＝1，这两项表示飞控自检通过，已经搜到 6 颗星以上时，油门杆右下保持几秒即可解锁，即遥控器的油门最低方向最右。

12. 空速计设置

常用的空速计的接线如图 3.4.10 所示。

图 3.4.10　常见空速计

（1）连接好空速计后，将飞控 USB 线和地面站相连。

（2）地面站设置"初始设置→空速→勾选使用空速"。

（3）在"动作"里面，找到 PREFLIGHT_CALIBRATION，堵住空速计的管，点击"执行动作"，进行初始校准。

（4）空速计设置和初始设置完成后，到了飞行场地还需要再做一次空速计的初始校准，必须先校准空速再做自动调参。

以上是固定翼无人机常见的调试前检查和飞控调试步骤，注意使用不同飞控需要应用与飞控匹配的调试软件。

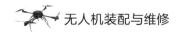

任务五 无人机硬件调试及调试故障分析

无人机硬件调试主要是对遥控器进行调试,对电调进行调试,对电机进行测试。

一、遥控器调试

【扫码观看视频】

1. 对码操作

以乐迪 AT9 为例介绍对码过程:

(1)将发射机和接收机放在一起,两者距离在 1 米以内。

(2)打开发射机电源开关。RD9 接收机将寻找与之最近的遥控器进行对码。这是 RD9 接收机的特色之一。

(3)按下接收机侧面的(IDSET)开关 1 秒钟以上,LED 灯闪烁,指示开始对码。

(4)当 LED 灯停止闪烁,遥控器上有信号显示时,并且操控遥控器时无人机有相应的反应,说明对码成功。

2. 遥控器设置

常见的遥控器类型有美国手和日本手,美国手遥控油门在左边也叫左手油门,日本手油门在右边也叫右手油门,区别在于各通道所处位置不一样。虽然遥控器的左、右手在出厂时就已决定,但我们仍然可以在后期进行更改,更改遥控器模式分为硬件部分和软件部分。

(1)硬件部分

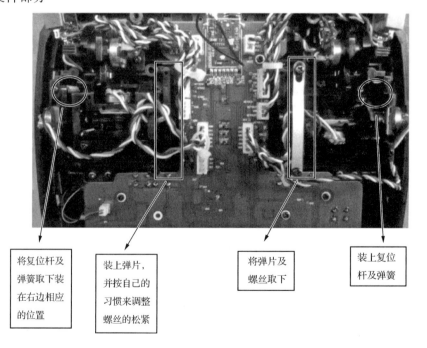

将复位杆及弹簧取下装在右边相应的位置

装上弹片,并按自己的习惯来调整螺丝的松紧

将弹片及螺丝取下

装上复位杆及弹簧

图 3.5.1 遥控器内部结构

（2）软件部分

在发射机设置菜单下，遥杆模式可用滚轮选择 4 种模式，分别为模式 1、模式 2、模式 3 和模式 4，各种模式如图 3.5.2 所示，其中最为典型的两个模式是美国手（模式 2）和日本手（模式 1）。

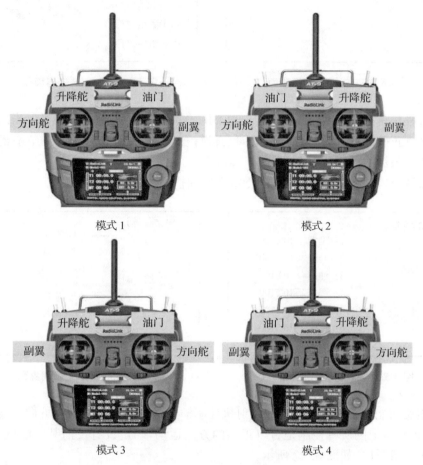

图 3.5.2　常见模式界面

遥控器有一个重要的参数"通道"，常见的有 6 通道、7 通道、8 通道、9 通道和 12 通道等，通道数指的是遥控的自由度，即通过接收机能控制多少个部件（舵机、电调等）或者功能（激活或调整某个参数）。遥控器通道越多，价格越高，最基本的能操纵无人机飞行的最少通道只需要 4 个即可，分别是加减油门、升降舵、副翼、方向舵。

接收机模式其实是指接收机编码的模式，通常大多数遥控器能配对多种编码模式的接收机，有些接收机同时兼容两种编码模式。接收机的编码分为几种类型，常用的有脉宽调制（pulse width modulation，PWM）、脉冲位置调制（pulse position modulation，PPM）和串行通信协议（serial bus，S.BUS）等。

模型选择是指一个遥控器配对多个飞行器的接收机，将每个接收机保存为一种模型，机型选择则是指每一个模式里面的机型，如固定翼、直升机和多旋翼等。乐迪遥控器模型选择如图 3.5.3 所示，机型选择如图 3.5.4 所示。

```
【模型选择】
  选择：01          (Model-001 🚁)
  拷贝：01 →01      (Model-001 🚁)
  名字：Model-001
```

图 3.5.3　模型选择界面

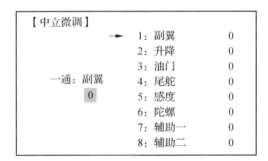

```
【机型选择】
  复位：执行
  机型：多旋翼模型
  横滚微调：打开
  油门微调：打开
  俯仰微调：打开
```

图 3.5.4　机型选择界面

舵机行程量是指在一定范围内调节舵机的动作角度。在固定翼无人机里当改变连杆连接头不能达到正确的行程时，可通过"双向动作行程比例"调整来"精确"调整舵机两个方向的行程可执行最灵活的行程调整，如图 3.5.5 所示。

中立微调，是对舵机的中立位置进行精细的调整，如图 3.5.6 所示。

```
【舵机行程量】
                    1：副翼   100/100
                    2：升降   100/100
                    3：油门   100/100
一通：副翼           4：尾舵   100/100
                    5：感度   100/100
100%  100%          6：襟翼   100/100
                    7：辅助   100/100
```

图 3.5.5　舵机行程量界面

```
【中立微调】
              → 1：副翼      0
                2：升降      0
                3：油门      0
一通：副翼       4：尾舵      0
                5：感度      0
    0           6：陀螺      0
                7：辅助一    0
                8：辅助二    0
```

图 3.5.6　中立微调界面

舵机相位功能用来改变舵机响应发射机控制输入(控制杆或开关)的方向。设置反向功能后，应检查模型上的所有控制是否以正确的方向运动，确定没有反向某个舵机，除非是自身需要设定舵机反向，如图 3.5.7 所示。

舵量显示可以查看各类通道的工作状态，也可分辨通道的正反相，当辅助通道被重新定义时可通过舵量显示查看某个开关与通道的对应关系，如图 3.5.8 所示。

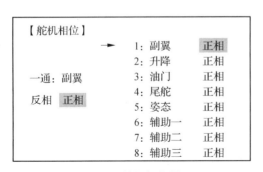

图 3.5.7　舵机相位界面

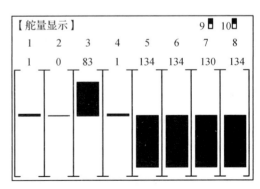

图 3.5.8　舵量显示界面

教练功能是指两台遥控器通过数据线的连接,通过切换可控制同一台飞行器。当初学者飞行过程中遇到突发情况需紧急救援时,教练遥控器可切换主控权,操纵无人机,进行救援。

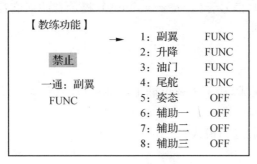

图 3.5.9　教练功能界面

混控功能,例如:用于三角翼无人机的控制,因为三角翼无人机的副翼和尾翼是共用的,它的副翼即控制无人机的转向动作,还控制无人机的升降动作。遥控器的混控功能不仅能控制通多路道,还可以设置多组混控,每个混控的参数均可修改,也称可编程混控,如图 3.5.10 所示。

【可编混控】	
-普通模式-	-曲线模式-
1:禁止	5:禁止
2:禁止	6:禁止
3:禁止	7:禁止
4:禁止	8:禁止

图 3.5.10　可编程混控界面

【可编混控一】	
比例 ←: 0%	混控: 禁止
→: 0%	
偏置: 0%	微调: 关闭
(+ 9%)	连接: 关闭
主控: 一通	开关: SwC
被控: 四通	位置: NULL

图 3.5.11　可编程混控一界面

二、电调调试

电动多旋翼无人机动力系统包括电池、电调、电机和桨叶,动力系统的调试主要针对电调进行调试。

1. 电调调试内容

好盈 X Rotor Micro 40A BLHeli_32 电调调试内容如下。

电调的接线及开机,油门行程校准,加速功率,温度保护,低转速功率保护,低压保护,电流保护,电机转向,退磁补偿,电机进角,最大加速,油门校准开启,最小油门、最大油门及中位油门,停转制动,LED 指示灯控制,提示音强度,灯塔导航提示延时和 PWM 频率。

2. 电调调参软件调参

电调调参的方法有多种,如使用遥控器的操作进行简单的设置、使用编程卡调参、使用电调调参软件调参(BLHeliSuite),BLHeliSuite 软件主要功能如下。

启动强度(startup power),温度保护阈值(temperature protection),低转速保护(low

RPM power protect),电机转向(motor direction),消磁补偿(demag compensation),进角设置(motor timing),最低行程点(PPM min throttle),最高行程点(PPM max throttle),油门中点位置(PPM center throttle),在停止时刹车(braker on stop),开机上电启动音的强度音量(startup beep volume),信号音(beacon volume),提示音的强度音量,beacon volume 是通电待机提示音的延迟时间。

三、电机测试

如果电调已经校准完成,接下来就可插上电池进行测试。

注意:不要安装螺旋桨。

(1)确保发射器打到"自稳模式"。

(2)解锁。

(3)稍微加油门,电机会同时启动,以同样转速旋转。如果不同时、不同速,说明电调没有校准好。应先校准电调再返回测试电机。

(4)上锁。飞行器的解锁和上锁,是一种安全举措。飞行器起飞前,要进行解锁;飞行器落地后,要进行上锁。飞行器的解锁、上锁通过遥控器操作完成。

四、调试常见问题

调试常见问题主要分为硬件问题和飞行问题。

(1)硬件问题

测试接收机,发现接收机没有直接的输出,更换接收机后,发现依然不行,且指示灯出现时亮时不亮的情况,通常是电源模块出了问题。

在解决电源模块问题后,发现电机不转,但副翼可以动,可将电源直接连电调,测试是否有问题。

如果电机出现慢慢的"嘀嘀"声,说明没有 PWM 信号,但是有电源输入;如果出现很慢的"嘀——嘀"声,则说明有 PWM 信号,但是没有电源输入。

(2)飞行问题

飞机副翼、方向、升降舵面偏角过大,导致在操纵方向舵与升降舵时,多次出现舵面失速导致飞机姿态发生剧烈变化。

原因是飞机本身问题,舵面过大,不易于操作。建议在地面站手动模式下设置各个舵面的最值,使舵面偏转角度不超过±30°。

飞机进入自稳模式后,机动性能很差,在关键时刻无法按飞行员的意图及时将飞机带出危险的境地。

需要调整飞控在增稳模式下对飞机姿态的限制,增大飞机可使用俯仰角与滚转角,提高其在增稳模式下的机动性,通常需要对 PID 值进行调整。

项目四　无人机维护

【项目导读】 >>>>>

　　无人机的维护、保养、维修工作是关乎无人机安全稳定飞行的重要工作。按照要求对无人机进行维护保养可以确保无人机安全飞行，并且能提高无人机的使用寿命。能独立对损坏无人机进行维修可以降低无人机企业的运营成本。本项目详述了无人机常见维护、保养、维修工作的步骤和不同行业无人机维护、保养、维修工作的要点。

【知识目标】 >>>>>

　　掌握无人机常见维护、保养、维修工作的步骤。
　　掌握不同行业无人机维护、保养、维修工作的要点。

【技能目标】 >>>>>

　　能独立完成无人机常见维护保养工作。
　　能独立完成不同行业无人机维护保养工作。
　　能独立完成进行无人机维修工作。

任务一　无人机常见维护保养

　　无人机维修是无人机维护修理的简称，指为使无人机保持和恢复到规定状态所进行的维护、修理和管理工作的统称，包括养护、修理、改装、大修、检查以及状态确定。

　　保持无人机处于规定状态的活动，通常称之为维护，有时也称之为保养，如润滑、检查、清洁等。使处于故障、损坏或失调状态的无人机恢复到规定状态，所采取的措施称之为修理或修复，如调整、更换、原件修复等。大部分情况下，维护和修理不能分开，维护过程往往伴随必要的修理，修理过程必然伴随着维护，所以统称为维修。

　　维修作业主要分为保养、预防性维修和修复性维修。

　　（1）保养，是指为保持无人机固有设计性能而进行的表面清洗、擦拭、通风、添加油液或润滑剂等工作。

　　（2）预防性维修，通过对无人机系统性检查、设备测试和更换以防止功能故障发生，使其保持在规定状态所进行的全部活动。它包括调整、润滑、定期检查等，主要用于其故障后果会危及安全和影响任务完成,或导致较大经济损失的产品。预防性维修的目的是降低产品失效的概率或防止功能退化。它按预定的时间间隔或按规定的准则实施维修,通常包括保养、操作人员监控、使用检查、功能检测、定时拆修和定时报废等维修工作类型。新设备研制初期,就应考虑预防性维修问题,提出减少和便于预防性维修的设计要求,应进行可靠的维修分析,应用逻辑判断的方法确定设备的预防性维修要求,制订设备预防性维修大纲,规定设备需要进行预防性维修的产品、工作类型、间隔期和进行维修工作的维修级别,确保以最少的维修资源消耗保持设备固有可靠性和安全性水平。

(3)修复性维修,是指无人机发生故障后,使其恢复到规定状态所进行的全部活动。它可以包括下述一个或全部步骤:故障定位、故障隔离、分解、更换、再装调准及检测等维修工作类型。修复性维修是在操作人员和(或)维修人员发现异常或故障后,或产品的状态监控表明其技术已不能或接近不能正常工作时进行,其维修内容和时机不能事先做出确切安排,因而也称非计划维修。

一、无人机保养

无人机必须注意日常保养,才可以大幅延长使用寿命,飞行也会更加安全。柔软的小清洁刷用于清除可能陷入无人机缝隙中的沙尘,可以用清管器代替;气瓶或者气球可以用于清除无人机"敏感部位"的尘垢,如电机或电路板旁边的尘垢,不会损坏无人机;异丙醇可以去除污垢、草渍、血液等各种顽渍,不会损坏电路;柔软布料可以和异丙醇协同工作;在放飞无人机之前一定要携带一瓶三合一多用途润滑剂,以防临时需要。水、雨、沙尘等作为对无人机影响最大的自然杀手,对无人机具有很大的"杀伤力"。虽然无人机不会沾水即坏,但一般无人机产品目前还不具备防水功能,若不及时对无人机清理保养,日积月累会产生严重的影响。

(一)无人机机身保养

检查飞机机身螺钉、螺栓等是否出现松动,机身结构上飞机机臂是否出现裂痕破损,如有裂痕,尽量更换或者寄回厂家进行检测维修。

检查减震球是否老化(减震球外层变硬或者开裂),如果减震球老化应及时更换,避免影响航拍效果。

检查GPS上方以及每个起落架的天线位置是否有影响信号的物体(如带导电介质的贴纸等)。

检查可变形系统机架结构,形变组件在变形过程中是否正常顺滑,影响其变形的污染异物需要及时清理,组件若有损请及时返修。

尽力避免在沙土或者碎石等有小颗粒存在的环境下起飞。如果实在没有办法,在此次无人机飞行之后尽快清理孔隙周围,以减轻对机身以及内部的腐蚀。

不建议在雨雪天气或者雾气较大的天气使用无人机,若无法避免,尽快使用完毕,断电擦干,风干一阵或者放到防潮箱吸潮,确定湿气除净后再次使用。

(二)无人机电机保养

清擦电机。及时清除电机机座外部的灰尘、淤泥,如使用环境灰尘较多,最好每次飞行之后清扫一次。

检查和清擦电机接线处。检查接线盒接线螺钉是否松动、烧伤。

检查各固定部分螺钉、螺栓等，将松动的螺母拧紧。

检查电机转动是否正常。用手转动转轴检查是否灵活，有无不正常的摩擦、卡涩、窜轴或异常响声。同时检查电机上各部件是否完备。

若通电之后，某个电机不转或者转速很低，或有异常响声，应立即断电，若通电时间较长，极有可能烧毁电机，甚至损坏控制电路。

（三）无人机螺旋桨保养

螺旋桨是无人机快速消耗设备之一，在日常飞行过程中，更应该多加注意。每一次飞行前后都应该检查桨叶外观是否有弯折、破损、裂缝等，只要有问题的螺旋桨，就应弃用更换。

（四）无人机遥控器保养

不要在潮湿、高温的环境下使用或放置遥控器，因为那样很容易使遥控器内部元件损坏，或加速遥控器内部元件的老化，也会造成外壳变形。

避免让遥控器受到强烈的震动或从高处跌落，以免影响内部构件的精度。

注意检查遥控器天线是否有损伤，遥控器的挂带是否牢固以及与航拍器连接是否正常，如果遇到不能解决的情况请及时联系售后处理。

在使用或者存放过程中，尽量不要"弹杆"。

检查遥控器的各个接口处是否有异物或者接触不良的情况。

注意遥控器的电量。

（五）无人机电池保养

不正确的使用方法会缩短电池寿命。

1. 电池放电

电池的放电曲线表明，刚开始放电时电压下降比较快，但放电到 3.9～3.7 V 之间时，电压下降开始变慢。但一旦降至 3.7 V 以下，电压下降速度就会加快，控制不好就导致过放，轻则损伤电池，重则电压太低造成炸机。有些无人机飞行人员因为电池较少，所以每次都会过放，这样的电池很短命。正确的策略是尽量少飞 1 min，寿命就多飞一个循环，宁可多买两块电池，也不要每次把电池飞到超过容量极限；充分利用电池报警器，一旦接收到报警信号就应尽快降落。

2. 电池充电

（1）使用专用的充电器对锂电池进行充电。充电器可以是锂离子或锂聚合专用充电器，两者非常接近。

（2）准确设置电池组的电池单体个数。充电的前几分钟必须仔细观察充电器的显示屏，在上面会显示电池组的电池个数。

（3）第一次充一个新的锂电池组，应检查电池组每个电池单体的电压，以后每十次充放电应做同样的工作。尽管电池个数选择正确，但若电池组电压不平衡时仍会爆裂。假如电池组内电池单体电压相差超过 0.2 V,就应当分别把每个电池的电压充到 4.2 V 使之相等。假如每次放电后电池单体的电压差均超过 0.2 V,则表示电池已经出现故障,应当更换。

(4) 在对电池进行充电时,旁边一定要有人照看。

(5) 在安全的位置放置充电的电池和充电器。

(6) 没有厂家的特别说明,一般充电电流不要超过 1 C。

3. 电池保存

充满电的电池,满电保存不能超过 3 天,如果超过 1 个星期不放掉,有些电池就会直接鼓包,有些电池可能暂时不会鼓,但经过几次满电保存后,电池可能会直接报废。

正确的保存方式是在接到飞行任务后再充电,电池使用后如在 3 天内没有飞行任务,将单片电压充至 3.8~3.9 V 保存。若电池充好电后因各种原因没有飞,也要在充满后 3 天内把电池放电到 3.8~3.9 V 保存。如在 3 个月内没有使用电池,将电池充放电一次后继续保存,这样可延长电池寿命。电池保存应放置在阴凉的环境下贮存,长期存放电池时最好能放在密封袋中或密封的防爆箱内,建议环境温度为 10~25 ℃,且应干燥、无腐蚀性气体。

4. 电池外包装保养

电池的外包装是防止电池爆炸和漏液起火的重要结构,锂聚电池的铝塑膜破损将会直接导致电池起火或爆炸。电池要轻拿轻放,在飞机上固定电池时,扎带要束紧。因为有可能在做大动态飞行或摔机时,电池会因为扎带不紧而甩出,也很容易造成电池外皮破损。

5. 电池不能短接

锂电池短路会直接导致电池打火或者起火爆炸。当发现使用过一段时间后电池出现断线的情况需要重新焊线时,特别要注意电烙铁不要同时接触电池的正极和负极。另外运输电池的过程中,最好的办法是每个电池都单独套上自封袋并置于防爆箱内,防止运输过程中因颠簸和碰撞导致某片电池的正极和负极同时碰到其他导电物质而短路。

6. 电池使用温度

很多无人机飞手会忽视无人机飞行温度,在北方或高海拔地区常会有低温天气出现,此时电池如果长时间在外放置,放电性能会大大降低,如果还要以常温状态时的飞行时间去飞,则会出问题。

此时应将报警电压升高(如单片报警电压调至 3.8 V),因为在低温环境下压降会非常快,报警一响立即降落。给电池做保温处理,在起飞之前电池要保存在温暖的环境中,如房屋内、车内、保温箱内等。要起飞时快速安装电池,并执行飞行任务。在低温飞行时尽量将时间缩短到常温状态的一半,以保证安全飞行。

(六) 无人机存放保养

(1) 无人机应该防水储存。无人机属于精密电子产品,水汽一旦渗入内部,可能会腐蚀内部电子元器件。在潮湿天气中飞行后,除了简单的擦拭外,还要做好干燥除湿的保养。可以将无人机放置到电子防潮箱中或者将无人机与干燥剂放于密封箱中进行干燥保养。

(2) 无人机应该防尘保养。沙尘对无人机的影响也非常大,尤其是电机等设备,尽量避免从沙土或碎石地面起飞。多尘环境下飞行后,应及时清理。

（3）无人机应该远离磁性物体。无人机处于强磁场会造成指南针异常,当长时间不使用无人机时,保存应远离强磁场,否则会造成不可逆转性的偏移等,导致再次使用时无法正常起飞。

（4）无人机不使用时,机身和电池最好要拆分开来存放。

二、无人机预防性维修

预防性维修包括调整、润滑、定期检查等,主要用于其故障后果会危及安全和影响任务完成,或导致较大经济损失的产品。预防性维修的目的是降低产品失效的概率或防止功能退化。按预定的时间间隔或按规定的准则实施维修,通常包括保养、操作人员监控、使用检查、功能检测、定时拆修和定时报废等工作。

新设备研制初期,就应考虑预防性维修问题,提出减少和便于预防性维修的设计要求,应进行可靠的维修分析,用逻辑判断的方法确定设备的预防性维修要求,制订设备预防性维修大纲,规定设备需要进行预防性维修的产品、工作类型、间隔期和进行维修工作的维修级别,确保以最少的维修资源消耗保持设备固有可靠性和安全性水平。预防性维修是定期进行,但不能保证未到维修期不发生故障,若一旦发生故障,就要进行修复性维修。

日常检查,即必须对无人机执行可靠的检查,在任何故障校正需要的检查期间必须维持无人机的适航性。

定期检查,即要求所有的民用无人机按照特定的时间间隔来确定总体运行状态。间隔时间依赖于无人机所属的运行类型。一些无人机每12个月至少需要1次检查,而其他无人机要求的检查间隔是每运行100小时检查1次。在某些情况下,可能按照某个检查制度来检查无人机,这个检查制度可以基于日历时间、服务时间、系统运行次数等。所有检查都应该遵守制造商的最新维护手册,包括检查间隔、部件替换和适用于无人机的寿命有限条款这些连续适航性的说明。

年度检查,即民用无人机系统要求至少1年检查1次。检查应该由认证的持有检查授权的人员来执行,或者由制造商检查,或者由认证和正确评估的维修站执行。除非年度检查已经在之前的12个月完成,否则无人机将不能运行。

（一）日常维护检查

1. 无人机飞行前预防性维修和检查

飞行前检查是一个彻底的、系统的检查方法,通过此项检查,无人机驾驶员可以确定无人机是否适航和处于安全运行状态。

检查螺旋桨桨叶外观是否有弯折、破损、裂缝、缺口等直接影响飞行稳定性的问题。如有出现此类问题的螺旋桨,应立即弃用。起飞前检查螺旋桨是否按顺序固定好。

检查电机轴承是否有磨损、震动,电机壳是否变形,固定的螺钉是否稳固。如果发现问题,请及时联系售后进行处理。

IMU单元平时也需要检查,必要时应该校准。首先一定要将飞机放在水平面上,然后开启飞机和遥控器,遥控器连接移动设备之后,打开飞控"参数设置→高级设置→传感器状

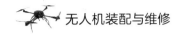

态→校准传感器"。

检查遥控器天线、挂带以及跟航拍器连接是否正常。

除了使用的时候把云台保护罩取下来,其余时候都务必把云台保护罩扣上。在连续使用无人机后,观察上电时云台自检过程是否流畅正常。相机镜片要注意不要用手直接触摸,被污损后可用镜头清洁剂清洗。

航拍器的视觉定位系统主要检查镜头是否有污损或者异物,可用吹风枪等气吹器材及时清理。

检查起落架和形变结构是否正常。

检查飞机机身螺钉、螺栓等是否出现松动,飞机机臂是否正常,若有问题尽量寄回厂家检测维修。

观察电池外壳是否有破损或者变形鼓胀,若电池受损严重,应停止使用电池且立刻将其进行报废处理,不要拆解电池,然后查看电池电源连接器内部的金属片破损情况,如果金属片表面烧损比较严重,建议更换电池。

2. 无人机飞行后检查和保养

每次飞行后都应该对飞行器本身进行全面细致的检查,及时发现并处理隐患。

无人机飞行结束,操纵者都应对无人机(桨叶、机架、电机、电调)使用软布做保养擦拭。如果是电动无人机,可选用质地柔软的除尘毛巾擦拭浮灰。如果是油动无人机,则应先用浓度较高的酒精喷涂在机体表面稀释油污,然后用除尘毛巾反复多次擦拭干净。如不及时清理飞机表面的油污,很容易造成机体的腐蚀。

每次使用后请仔细检查飞机上使用的桨是否有裂纹和断折迹象,电机是否保持水平状态,以及所使用的电池表面有无孔洞和被尖锐东西刺穿的现象,若出现上述现象,应及时进行修复和更换。清洗和检查完成后,将各个螺旋桨用桨套固定在飞机上然后将整机放置在不易碰撞的地方保管,以便下次作业时使用。

尽量将无人机置于干燥环境中,最好将其放在水平托架上,或在机体内部放一些成品干燥剂。干燥的外部环境可以保证无人机不会因长时间放置产生变形。

目前市面上可以购得的无人机,其表面涂装均采用了喷漆工艺,因此需要做定期涂蜡保护。无人机机体表面的定期涂蜡养护,可使在其上形成一层保护膜,隔绝保护涂装漆面。

(二)定期维护

无人机是一种重复使用的工具。在多次使用后,一些重要设备容易出现问题。定期做好飞机各个部件的检查,使飞行更加安全可靠、减少"炸"机概率,对无人机飞机结构的定期检查主要有以下几个方面。

1. 机体、机翼和水平尾翼的连接是否紧密

舵面铰链、摇臂连杆、舵角和起落架是否能正常工作。连接部分由于经常拆装和震动冲击,容易老化损坏。飞型器在长期飞行过程中,飞行载荷大、飞行震动强,因此部件间一些用于黏接的胶质部分易氧化并出现皴裂情况。这些问题会严重危及飞行安全,造成坠机事故。

2. 检查飞机的动力

飞行器的动力可分为油动和电动。若采用油动动力,要对发动机零部件进行定期保养

和更换;若采用电动动力,则须定期检查电机轴承和运转部件间隙,必要时为电机除尘、更换润滑脂。接收机中的电池须定期充放电,长期不用时须正确存储,可在常温环境下存储,以延长其使用寿命。定期校准:电池每隔大约 3 个月或经过约 30 次充放电后,需进行 1 次完整的充电和放电,以保证电池的最佳工作状态。

3. 检查飞机的电子设备

舵机是控制无人机飞行舵面的重要零件,一旦出现"扫齿"问题很容易"摔"机。经历了一定数量的飞行起落后,要及时清洗并检查舵机内部齿轮的情况,如果发现"扫齿"的齿轮,必须及时更换。油动模型飞机震动大,需定期更换舵机齿轮和润滑脂,或直接更换新舵机。检查从舵机上接出的延长线及各个接头处的插头,最好能做到定期更换。因为插头长期在空气中容易被氧化,会导致电子设备接触不良,甚至引起坠机事故。

4. 检查飞机的控制系统

飞行器的飞行控制系统主要包括遥控器和接收机。在平时的检查和维护中,除了注意擦拭和保养外,还应注意遥控器的维护和清理。由于长期处于室外飞行,遥控器的摇杆部位很容易进入灰尘,或者产生磨损,所以要轻拿轻放、经常擦拭。目前无人机上用得最多的是 2.4 G 接收设备,检查时要着重观察接收机上的天线有无断裂,并定期按照遥控器说明书进行地面拉距测试。

三、无人机修复性维修

无人机修复性维修包括下述一个或全部步骤:故障定位、故障隔离、分解、更换、再装、调准及检测等维修工作类型。修复性维修是在操作人员和(或)维修人员发现异常或故障后,或产品的状态监控表明其技术已不能或接近不能正常工作时进行,将其规定功能恢复到规定状态所进行的一系列基本的维修作业。其维修内容和时机不能事先做出确切安排,因而也称非计划维修。

维修工作的目的是有效排除故障,只有故障产生、装备失效才进行修复性维修工作,即故障模式决定着故障的判异。基层级一般从事比较简单的维修工作,多数为外场可更换单元的更换维修,而中继级或基地级则可对外场可更换单元直接维修。

1. 螺旋桨故障

若无人机的螺旋桨动平衡有问题,加油门的时候无人机可能会侧偏和后退。因为螺旋桨是和空气交互的部件,自身的桨叶会受涡流的影响而变得不稳定,所以在有条件的情况下需要更换新的螺旋桨。

2. GPS 故障

无人机在飞行的过程中不动任何的杆,飞机出现自己顺时针或者逆时针环圈的现象,或者在飞行前不能起飞,抑或是飞行过程中出现飞机不能定点悬停的情况。若不考虑其他硬件问题,可以确定是飞机的 GPS 出现了问题。

如果无人机没有搜到足够起飞的卫星数量,则可能是因为 GPS 天线被屏蔽或被附近的电磁场干扰。

3. 无人机收不到地面站数据

若出现接收不到地面站数据的情况,请检查连线接头是否松动或者断开连接,地面站的连接按钮、串口是否设置正确,串口波特率是否设置正确,地面站与飞机的数传频道设置是否一致,飞机上的 GPS 数据是否送入飞控,任何一个环节出问题就无法通信,应检查无误后重新连接。

4. 无人机飞行或者悬停时机体晃动

检查电机安装角度,动力不是很足的情况下,电机的安装角度稍微有点偏差就很容易出现机体晃动,或者机臂未完全打开,也会出现这种情况。

5. 无人机起飞倾斜

请检查加速度计、陀螺仪、电机安装角度、电机转速、遥控器通道值、螺旋桨的转向等。

6. 防打火插头维修

无人机多次飞行后会导致接头的防电打火头松动或脱落。在防电打火头缺失的情况下,飞机加电瞬间会发生剧烈的打火,威胁到人身安全和电子器件安全。因此防电打火头一旦损坏,需要及时维修或更换,以保证安全。具体步骤如下。

(1)取出防打火头

防打火头一般脱落在护套内的接头里,需要旋开接头护套,取下紧固环,用细镊子将防打火头夹取出来,如图 4.1.1 所示。

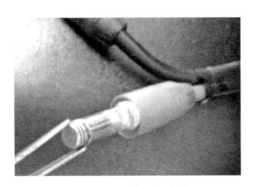

图 4.1.1　取出防打火头

（2）黏合

选用强力黏合剂涂抹在断裂处,胶水不宜涂抹过多,避免胶水流到其他部分上造成短路或其他使用故障;胶水也不宜涂抹过少,造成黏合不紧密,易再次断裂。

（3）测量电阻

用万用表测量黏合后飞机防打火头和接头外壁之间的电阻值,阻值必须保证在（6±0.5）Ω 的区间内。测量防打火头电阻如图 4.1.2 所示。如果阻值不在限值范围内,说明黏合不紧密,或是黏合造成其他部分之间存在局部短路的情况,需要取下防打火头重新黏合。如图 4.1.3 所示,3 次测量的阻值均在限值范围内。

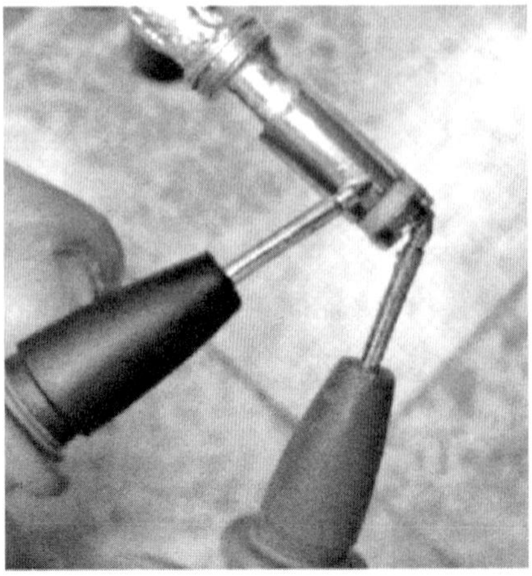

图 4.1.2　防打火头电阻测量

图 4.1.3　阻值显示

（4）风干

防打火头黏合后,需在常温下风干 24 h。风干后需再次检测防打火头的电阻阻值,符合要求后才可以正常使用;否则需要取下重新黏合。

7. 电机连接座、电机更换

无人机的电机提供飞行动力,连接电机与飞机机臂的电机连接座是飞机重要的承力部件,这二者一旦发现有损坏或裂痕,必须立即进行维修更换。维修步骤如下。

卸下螺旋桨,卸下飞机起落架,卸下飞机机臂。

拧下电机与电机连接座之间的螺钉和电机连接座的紧固螺钉,如图 4.1.4 所示。

图 4.1.4　电机螺钉拆卸

断开电机与飞机电子调速器的 3 条连线,并注意连接顺序。电机有黑、红、黄 3 条连接线,3 条连接线按照颜色——对应相连接的是逆时针旋转电机。电机黑线连接,红色、黄色连接线交叉连接的是顺时针旋转电机,该规律广泛适用于多旋翼无人机的电机连线,如图4.5所示。

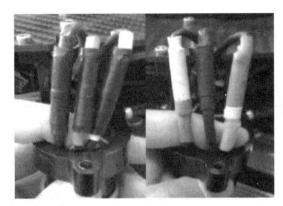

(a) 逆转电机接线　　　　(b) 顺转电机

图 4.1.5　电机转向交换

更换电机、电机连接座。安装电机连接座,在把电机线从连接座处送入,沿着飞机机臂送到机臂另一端,并按照之前标记的顺序连接线头,并用绝缘胶带进行紧固。最后安装电机,拧紧螺丝。

安装螺旋桨。将飞机放置在水平地面上,在飞机水平的情况下,将水平尺放在电机平面上进行电机调平。如果电机一侧的机身不绝对水平,则调整此方向电机与飞机机身水平尺一致。如果飞机机身因损坏而不水平,则飞机需要整体返厂更换机架。

调试完毕后,紧固所有螺钉,进行飞机加电检测。加电正常后启动电机,观察螺旋桨旋转状态,螺旋桨旋转方向是否正确以及各螺旋桨的旋转是否共面。

低高度试飞。控制飞机在距离地面 3 m 之内试起飞,观察飞机悬停是否平稳,姿态是否正常。

任务二　常见行业无人机维护保养

不同行业使用的无人机载荷不同,维护和保养也有所不同,下面主要介绍植保无人机维护保养、航测无人机维护保养和巡检无人机维护保养。

一、植保无人机故障及维护

(一) 认识植保无人机主要故障

植保无人机主要会出现以下几方面故障:遥控器相关故障、动力系统相关故障和任务部件相关故障。

1. 遥控器相关故障

(1) 如遇摇杆未在中立点,需对摇杆进行校正

（2）飞行之前必须对遥控器的摇杆模式做到心中有数，避免摇杆模式错误

摇杆模式错误，将导致飞行器产生撞机、侧翻等风险，在摇杆模式更改后，需养成压杆确认摇杆模式无误在起飞的良好习惯。

2. 动力系统相关故障

（1）电机相关故障

① 电机进水进液导致电机损坏

轴承损坏，电机旋转有杂音，阻力较大（图4.2.1）。

图 4.2.1　电机故障

② 电机发生过撞击，动平衡破坏

卸掉螺旋桨之后，电机旋转产生的振动明显大于正常电机。

③ 电机转向错误

飞行器一起飞就侧翻，或者起飞后在空中高速旋转。

（2）螺旋桨相关故障

① 正反桨弄混

飞行器未起飞就侧翻，或者空中自旋，螺旋桨 CW 与 CCW 属性必须与其安装位置符合。

② 螺旋桨残缺仍然使用

飞行器振动加大，影响飞行器安全。

③ 存在垂直方向的上下晃动

螺旋桨两边旋转轨迹不一致，飞行不稳定。

（3）锂电池相关故障

① 长期满电压存储

锂电池将会鼓包膨胀，满电时间越长对电池的损坏也就越大。

② 电池跌落

锂电池内部电芯将有可能发生短路，严重将造成自燃（图4.2.2）。

③ 电池插头打火，金插变黑

将使插头发热量增加，严重将造成飞行器故障。

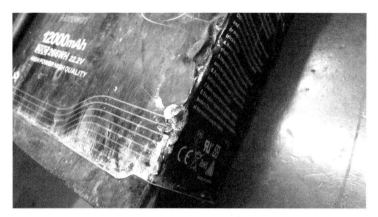

图 4.2.2　锂电池跌落故障

3. 任务部件相关故障

（1）喷头或者滤网堵塞，无法喷出药液

关键还是要保证水基化药剂的前提下，定时清理喷头及滤网。

（2）喷头堵塞导致水管破损

（二）植保无人机维护保养

植保无人机会出现各种各样故障，因此对植保无人机的维护保养工作成了植保工作中重要一环。维护保养工作对整个植保工作有着重要意义。

（1）地上多检查一分，天上的事故就少一分。

只有保持农业植保机良好的状态才能降低飞行事故率。

（2）机器保养的越好，单部机器所能创造的价值就越高。

农业植保无人机相对于其他无人机工作环境更恶劣，所以需要维护的项目也就更多。只有保持设备良好的状态，才能提高飞防团队整体收益。

1. 遥控器的维护保养

（1）遥控器需定时擦拭，以保持清洁。

（2）避免水、药液进入遥控器（图 4.2.3）。

图 4.2.3　遥控器表面沾上药液

（3）运输时应将天线折叠，避免天线折断。

（4）在水田作业时，如突然遇到摔跤等情况，尽量将遥控器托起，避免遥控器进水报废。

2. 机身的维护保养

（1）机身内部有精密电子部件，清洁机身时应以湿抹布进行，切忌水流直接对机身进行冲洗。

（2）定时清理机身进气口过滤网，保证内外气流流动顺畅。

清理频率依作业环境清洁度、工作频率而定，建议一季度清理一次。

（3）各关键部位螺丝必须锁紧，并且需打螺丝胶（图4.2.5）。

图4.2.4　机身表面沾上药液

图4.2.5　螺丝胶

螺丝胶可以保证螺丝紧固而不会发生松动。依据使用频率不同使用不同强度的螺丝胶。

（4）生锈、打滑的螺丝必须及时更换。

否则，后续有可能导致故障螺丝无法取出。

3. 动力系统维护保养

动力系统包括电机、电调、螺旋桨、电池，动力系统工作强度大、受外界影响大、使用频率高，是农业植保机系统里面需要重点关注的分系统之一。

（1）电机系统维护保养

农业植保机电机工作环境恶劣，水雾、药液、农药附着是其损坏的首要因素，所以应做到：

① 每天作业完毕后用湿抹布清洁电机外表，去除农药附着（图4.2.6）。

图 4.2.6　电机表面沾上药液

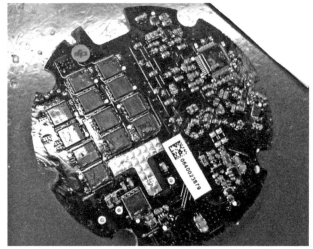

图 4.2.7　电调维护

② 不可以流水或者水管直接冲洗电机,以免电机内部进水导致损坏。

③ 定时检查电机动平衡是否良好。

(2) 电调系统维护保养

电调在机身内部,平常我们看不见摸不着,作为使用者需注意不能以水管直接冲洗电机,避免进水;下雨天应避免飞行。

故障表现:电机不能正常旋转。

(3) 螺旋桨维护保养

螺旋桨是农业植保机消耗最快的配件,在大部分的飞行事故当中都有可能使螺旋桨发生断裂与破损。

① 螺旋桨发生断裂或破损(图 4.2.8)必须更换。包括一些细小的裂缝都应及时检查与发现。

图 4.2.8　螺旋桨破损

② 螺旋桨的安装必须没有水平与垂直方向上的松动。如松动可能会造成飞行不稳定。

③ 作业完毕必须清理农药残留。否则农药附着有可能腐蚀螺旋桨,造成螺旋桨寿命变短。

（4）锂电池维护保养

锂电池需求数量大、使用频率高、产品价值高,并且锂电池是较为"娇嫩"的电池类型,所以其维护与保养极为重要。

① 应定时慢充,以利于电池电压平衡。不应长期只使用快充,会降低锂电池使用寿命。

② 不应高温充电。高温充电会造成电池寿命下降。

③ 长期不使用时,电压保持在 3.8～3.9 V 之间。并每隔 1～2 个月进行一次完整的充放电。

（5）插头连接件维护保养

插头是飞行器与电池进行连接的必备配件,其工作频率非常高,且对于整个农业植保机系统非常重要,所以必须明确其注意事项。

① 飞行器插头与电池插头进行连接时会产生打火现象,打火会造成插头铜金属氧化,金属部分发黑(图 4.2.9),从而导致插头发热量增加,造成飞行隐患。

图 4.2.9　新插头与氧化后插头

② 插头连接时必须快速准确,以降低打火现象。

③ 插头连接时,必须完整插入,否则将会使插头发热(图 4.2.10),影响飞行安全。

图 4.2.10　插头实插与虚插

④ 如飞行器一端的插头经过长久使用已经发黑,必须立即予以更换(图 4.2.11)。飞行器端的插头如果氧化严重,将会加速电池端插头的氧化速度。

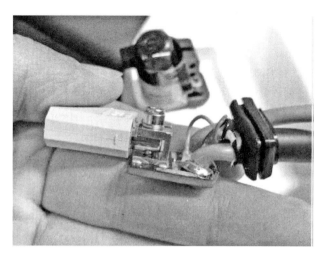

图 4.2.11　插头更换

⑤ 电池平衡插头避免进入水及药液,否则将有可能导致平衡头短路乃至电池烧毁(图 4.2.12)。

图 4.2.12　电池平衡头短路

4. 喷雾系统维护保养

喷雾系统包括药箱、水泵、水管、滤网、喷头等。喷雾系统是农业植保机发挥具体功能的部件,会接触到农药以及农药残留,所以其维护频率最高。

(1) 药箱维护保养

① 每天作业完毕应往药箱灌入清水,开启水泵,以冲洗整个喷雾系统。

② 不同使用类型的药剂,一定要注意避免药箱混用。如打过除草剂的药箱再来打杀虫剂,很有可能会对当前作物造成药害。

(2) 水泵维护保养

① 水泵禁止长时间空载高速运转,否则将会影响水泵使用寿命。

② 水泵内部禁止进入杂质,所以务必保证水泵进液口配有过滤网。

(3) 喷头及滤网维护保养

① 避免使用粉剂以及高浓度乳油,以免滤网及喷头堵塞。

② 每天作业完毕应对滤网进行清理,清除农药残留。定时将喷头及滤网放入水中进行浸泡,使喷头及滤网工作在良好状态。

图 4.2.13　水泵

图 4.2.14　喷头及滤网

维护保养工作是植保工作的重要组成部分,对植保无人机维护保养可以大大延长其寿命,每天植保作业完毕后都应完成以下工作。

① 用湿抹布清洁机身、机臂、电机、螺旋桨、脚架等。

② 将清水倒入药箱,开启水泵冲洗整个喷雾系统,并重复 2~3 次。

③ 定时检查动力系统部件工作是否正常,在查出相关隐患后需及时清除。

二、航测无人机维护与保养

航测无人机作为一个高度自动化和集成化的飞行系统,除了要按照正确的方式操作和使用以外,日常的维护保养和检查也是至关重要的。

在日常保养过程中,应做到防水、防潮、防尘。虽然无人机不会沾水即坏,但大多数无人机产品目前还不具备防水功能。如测绘过程中突遇下雨,最好立即返航降落,然后断电擦干无人机。之后最好风干一阵子或放到防潮箱吸潮,确定湿气除净后再使用。

除雨水外,沙尘对无人机的影响也非常大,尤其是电机等设备。应尽量避免从沙土或碎石地面起飞。若在沙漠地区飞行实在没有办法,在使用无人机后应尽快清理,以减少沙尘对电子元件的影响。

在每次飞行后应及时的将零部件和工具归位,对飞行器本身进行全面细致的检查,及时发现并处理掉隐患。

(一)航测无人机结构保养

(1)飞行 10 个架次后请用专用工具检查机体螺丝是否松动,在紧固过程中发现滑丝请立即更换同型号螺丝或螺母。

(2)每次作业前检查相机镜头有无污物,及时用镜头布清洁。

(3)定期检查机体结构有无脱胶或开裂,发现后及时用专用胶及碳布修补。

(二)航测无人机航电保养

1. 电气接口的保养

(1)防水保养:各接插件接口的密封性检查,主要是对热熔胶和硅胶的密封性检查。

(2)可靠性保养:各接插件接口的防护检查,主要是对各电气接口震动后的牢固性检查,确保其接口无松动,连接可靠。

(3)电磁环境保养:各屏蔽设施完好性检查和强磁场走线(如动力线)位置的检查,以确保其正常。

2. 电气参数的保养

通过飞行记录,结合之前飞行的工况环境和飞行参数,对比其飞行状态和参数,以确保各装置的工作技术指标符合飞行安全的要求,如偏航距大小、定位和定高偏差变化等。

3. 电池的使用与保养

(1)每次起飞前请确保电量充足。

(2)一旦触发低电压返航请在返航后立即充电。

(3)环境温度为0 ℃以下或45 ℃以上应停止使用。

(4)每天飞行结束后请将电池调整至保存电压(单片电芯的保存电压为3～85 V)。

(5)电池存放时请勿与尖锐物体同放,以防破损,同时要避免潮湿环境存放。

4. 云台相机保养

(1)使用一段时间后,建议检查排线是否正常连接。

(2)检查金属接触点是否氧化或者污损(可用橡皮擦清洁)、云台快拆部分是否松动、风扇噪声是否正常。

(3)要注意不要用手直接触摸相机镜片,被沾污后可用软布蘸镜头清洁剂轻轻擦去污渍。

(4)系统通电之后,检查云台电机运转是否正常。

三、巡检用多旋翼无人机维护及保养

(一)巡检无人机维护

(1)每次飞行结束都要按清单清点设备、材料和工具。

(2)及时把SD卡内的相片及视频移进电脑,避免积压占用过多的内存造成下次使用带来不便。

(3)每次飞行结束后及时检查飞行器的完好情况,如螺旋桨、护架等的完好情况,发现有缺陷的要及时更换修复,如不能修复的应暂停使用此飞行器,避免造成对飞行器的继续损坏,必须待修复好无问题后方可继续飞行。

(二)巡检无人机保养

(1)及时清理油污、碎屑,保持各部位清洁。

(2)根据需要加注润滑油。

(3)长期储存时,整机使用机衣进行防尘,轴承和滑动区域喷洒专用保养油进行防腐蚀和霉菌。

(4)定期保养包含但不限于以下内容。

① 保持机身外观完整无损。

② 保持机身框架完好无裂纹。

③ 保持橡胶件状态良好。

④ 保持紧固件、连接件稳定可靠。

（5）日常保养包含但不限于以下内容。

① 保持任务载荷设备清洁。

② 保持数据存储空间充足。

③ 合理装卸，妥善储存，避免碰撞损坏。

（三）巡检无人机电池保养

（1）每次飞行结束后及时检查电池电量及使用情况，并及时对使用过的电池进行充电并做好充电记录。

（2）每次飞行结束后应及时把飞行器的电池拔出，并把电池放在阴凉通风处，使电池在使用后的热量得到充分释放，不能把使用后的电池立刻放在密闭保温的箱体等环境，避免发生火灾。

（四）巡检无人机电池使用注意事项

（1）充电前应检查电池是否完好，如有损坏或变形现象禁止充电。

（2）充电前核对充电器是否为电池的指定充电器。

（3）环境温度低于 0 ℃或高于 40 ℃时，不应对电池进行充电。

（4）充电区内不应堆放有其他杂物，充电区附近应放置灭火器（如干粉灭火器、沙等用于电方面引起火灾的灭火措施）。

（5）禁止同一充电器连续向多块电池充电，如需要连续充电时应将充电器关闭 15 分钟后，才能进行下一块电池充电。

（6）充电完成后，应将充电器电源关闭。

（7）再次检查电池是否完好，将电池放在指定的位置，并在电池充电记录表上填写充电完成时间。

（五）巡检无人机维护保养周期

从设备类的维护保养通用要求考虑，将维护保养工作分为定期维护和日常保养。

定期维护方面，无人机平台主要是依据发动机的维护保养要求，需综合考虑航时或使用年限提出维护保养周期要求，以两者先到时间作为维护保养周期。

日常保养由使用单位根据设备的使用频率及工作状态自行确定。

无人机试飞要点与注意事项

项目五

【项目导读】»»»

　　无人机能否成功通过试飞,决定了无人机组装、调试与维修工作是否合格完成。本项目主要讲解了不同构型无人机的飞行原理、无人机试飞过程中要注意的法律法规问题,详述了无人机飞行前检查工作以及飞行中的注意事项、不同行业无人机的飞行注意事项和作业流程。

【知识目标】»»»

　　熟知无人机飞行原理。

　　掌握无人机法律法规。

　　掌握无人机飞行前准备工作。

　　掌握不同行业无人机飞行注意事项。

【技能目标】»»»

　　能独立完成无人机试飞前准备工作。

　　能协作完成不同行业无人机作业操作。

任务一　探索无人机的飞行奥秘

　　无人机按照不同的飞行原理主要分为多旋翼无人机、无人直升机、固定翼无人机、垂直起降固定翼无人机、扑翼机等,本书主要介绍多旋翼无人机、无人直升机、固定翼无人机的飞行原理。

一、多旋翼无人机飞行原理

　　多旋翼无人机(图 5.1.1)是一种新型飞行器,是由三个或三个以上旋翼(四、六、八轴居多)共同构成的垂直起降型飞行器,也称多轴飞行器。多旋翼的运动是由各个旋翼之间的转速差别来完成,具有非常简单的机械结构。多旋翼无人机具有垂直起降、机械结构简单、操作易上手的优点,但是其续航性能相对较弱。

图 5.1.1　多旋翼无人机

目前常见的多旋翼无人机结构包括四轴、六轴、八轴,四轴飞行器结构简单,飞行效率高,是小型飞行器最常见的结构。但是四旋翼飞行器没有动力冗余,任何一个电机出现问题停转,飞行器都将无法控制。所以,中大型多旋翼无人机采用六轴、八轴设计,从而使飞行更加安全。

单旋翼飞行器在飞行时,主旋翼的旋转将会带来反扭力并造成机身逆向旋转,所以必须以尾桨来抵消反扭力实现机身平衡。多旋翼飞行器则是通过多组旋翼之间的相对旋转来互相抵消反扭力。如图 5.1.2 所示,M1 是逆时针旋转,则 M2 必定是顺时针旋转;M3 是逆时针旋转,则 M4 必定是顺时针旋转。

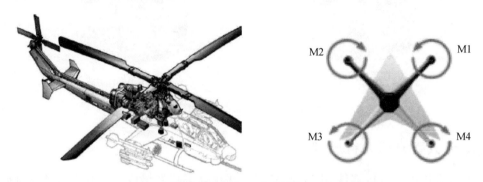

图 5.1.2　多旋翼无人机与无人直升机飞行原理区别

如图 5.1.3 所示,多旋翼飞行器通过各个旋翼之间的转速差别就能够实现上升/下降、逆时针旋转/顺时针旋转、前进/后退、左横滚/右横滚等各种飞行动作。

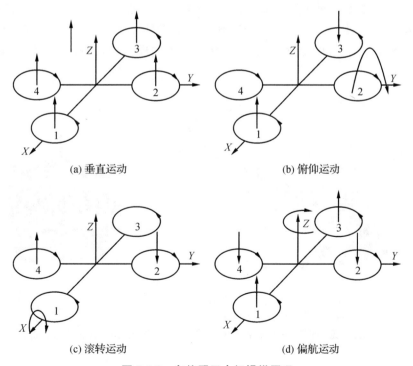

图 5.1.3　多旋翼无人机操纵原理

多旋翼飞行器的飞行通过地面站或遥控器来实现,如果以遥控器进行操纵,存在不同的摇杆模式,按照不同的定义分为美国手与日本手(图 5.1.4),美国手是多旋翼飞行器最为常见的摇杆模式。在操作崭新或陌生的多旋翼飞行器之前一定要确认摇杆模式。

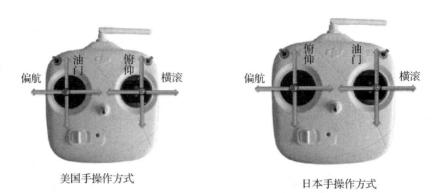

美国手操作方式　　　　　　　　　　　　　　日本手操作方式

图 5.1.4　多旋翼无人机遥控器

二、无人直升机飞行原理

无人直升机由直升机部件、飞行操纵部件、遥控器等部件组成。直升机部件是基础安装平台,由主旋翼头、尾旋翼控制组、动力系统、机身组成。飞行操纵部件由锂电池组、伺服器组、飞行控制系统等组成。遥控器可以在地面通过无线电遥控无人机飞行。整机构造见图 5.1.5。

工作时飞手在地面通过无线电遥控器(图 5.1.6)控制设备运行。如图 5.1.5 所示,设备上主旋翼顺时针旋转使气流往下运动产生升力使整机悬停于作物上方,同时尾传动皮带带动尾旋翼同步旋转,产生的气流抵消主旋翼旋转产生的反扭力,使设备在主轴、轴向上获得稳定,不会自旋。

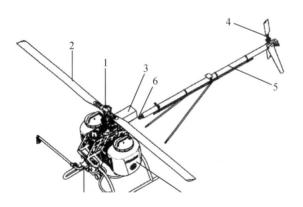

1—主旋翼控制组;2—主旋翼;3—飞控系统;
4—尾旋翼组;5—尾管;6—尾传动皮带

图 5.1.5　无人直升机构造示意图

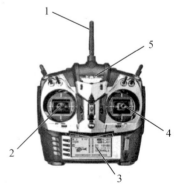

1—天线;2—左侧控制杆;3—屏幕;
4—右侧控制杆;5—指示灯

图 5.1.6　无人直升机遥控器示意图

如图 5.1.7 所示,无人直升机的远程控制器也分为左手油门、右手油门两种,由飞手的操作习惯不同而定。

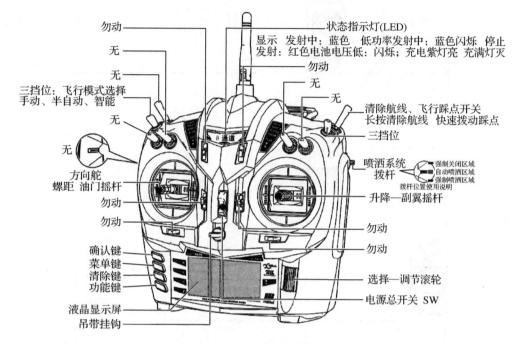

图 5.1.7　XG8 遥控器

本书仅介绍油门在左手边的控制器情况。

遥控器使用方法如下。

(1)遥控器使用之前的按键位置:油门摇杆最低位置;副翼升降摇杆自然落中;其他正面通道开关拨到最前方,两侧通道开关拨到最上方。

(2)挡位显示说明:最前方是 0 挡,依次向后为 1、2 挡。

(3)标有"勿动"字样的按键开关在遥控开机状态下不要使用,否则会更改飞机参数;标有"无"字样的说明此摇杆暂时无用。

(4)使用前需要使用遥控器专用充电器将电池充满。

如图 5.1.8 所示为飞手列明了左手油门情况下两个控制摇杆的作用,左手摇杆是油门和方向舵,当油门向前推进是,无人机螺旋桨开始转动,向后拉时,螺旋桨将会停止。方向舵的左右则控制着飞机的方向。右手摇杆是升降舵,摇杆前后控制着无人机的升降,左右则控制着无人机的副翼。

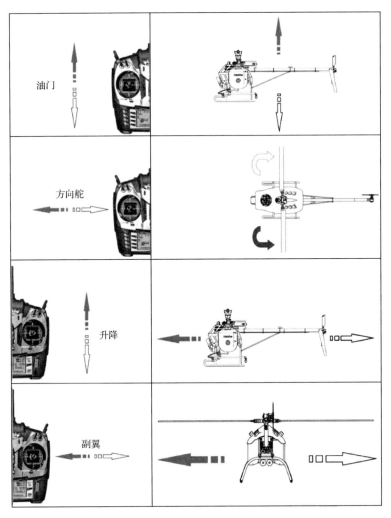

图 5.1.8　左手油门控制器操纵原理

三、固定翼无人机飞行原理

固定翼无人机的飞行原理和低速小型飞机类似,主要涉及空气动力学基本原理、飞机的受力情况和操纵情况。

1.空气动力学基本原理

（1）飞行相对运动原理

作用在飞机上的空气动力取决于飞机和空气之间的相对运动情况,而与观察、研究时所选用的参考坐标无关。也就是说,当飞行器以某一速度 v 在静止空气中运动时,飞行器与空气的相对运动规律和相互作用力,与当飞行器固定不动而让空气以同样大小和相反方向的速度 v 流过飞行器的情况是等效的。这就是相对性原理。

空气相对飞机的运动称为相对气流,相对气流的方向与飞机运动的方向相反,见图 5.1.9。只要相对气流速度相同,产生的空气动力也就相等。将飞机的飞行转换为空气的流动,使空气动力问题的分析大大简化。风洞实验就是根据这个原理建立起来的。

图 5.1.9　相对性原理

（2）连续性假设

实际的空气是由一个个分子组成的，分子之间存在间隙，它们不断地作随机运动。在这种运动中，分子在两次连续碰撞之间所走过的平均路程叫作分子的平均自由行程。由于飞行器的特征长度（如两翼尖之间的距离）往往大于空气平均自由行程，所以分析飞行器与空气作相对运动和它们之间的相互作用力时，可以忽略空气的微观结构，而只考虑它的宏观特性，也就是把空气看成连绵的、没有间隙的流体，这个假设叫作连续性假设。进行空气动力学分析时，连续性假设在将大气看成是连续的介质，在其中任意取一个微团都可以看成是由无数分子组成，微团表现出来的特性体现了众多分子的共同特性。

（3）伯努利定律

伯努利定律是能量守恒定理在流体流动中的应用，在一个与外界隔绝的系统中，不论发生什么变化和过程，能量可以由一种形式转变为另一种形式，但能量的总和保持恒定。对于不可压缩、理想流体（没有黏性），伯努利定律表示为

$$P + 1/2\rho v^2 = P_0 = C \tag{5.1}$$

其中 P 代表静压，ρ 代表流体密度，v 代表流体流动速度，P_0 代表总压，C 为常数。

流体的动压和静压之和等于一个常数，即流速小的地方压强大；流速大的地方压强小（如图 5.1.10 所示）。注意适用条件：不可压缩、理想流体做定常流动。

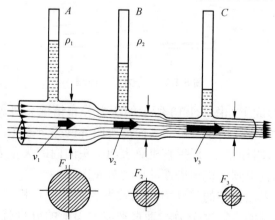

图 5.1.10　伯努利定律示意图

2. 作用在固定翼无人机上的空气动力

飞机能在空中飞行最基本的是有一股力量克服了重力把飞机托举在空中,称这股力量叫作升力。飞机在空中能向前飞行,还必须有动力装置产生推力克服阻力使之向前运动。无论是升力还是阻力,都是飞机飞行时,空气作用在飞机上的力。空气作用在与之有相对运动物体上的力称为空气动力。

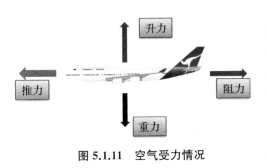

图 5.1.11　空气受力情况

飞机飞行时,作用在飞机各部件上的空气动力的合力叫作飞机的总空气动力,用 R 表示。总空气动力 R 的作用点叫压力中心,总空气动力在垂直来流方向上的分量叫作升力,用 L 表示,在平行来流方向上的分量叫阻力,用 D 表示。

（1）升力的产生

飞机的升力主要由机翼来产生。气流流过机翼表面时,在机翼上下表面形成的压力差产生了升力。如图 5.1.12 所示,用流线描述了气流流过机翼的情况,相对气流与机翼弦线之间的夹角叫作迎角,用 a 来表示。相对气流从机翼弦线的下方吹来,迎角为正;相对气流从机翼弦线的上方吹来,迎角为负。

从图 5.1.12 中可以看到,当气流以一定的正迎角流过具有一定翼型的机翼时,在机翼上表面流管变细,流线分布较密,在机翼下表面流管变粗,流线分布较疏。在低速流动中,忽略了空气的压缩性和黏性,由于总压为定值,机翼上表面的气流速度加大,静压下降;相反,机翼下表面的气流速度减小,静压上升。

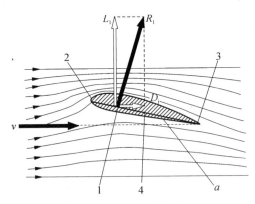

图 5.1.12　升力产生原理

因此,在机翼表面形成了如图 5.1.13 所示的压力分布情况。机翼上表面各点的静压小于大气压力是吸力,叫作负压,用垂直机翼表面箭头向外的矢量表示。机翼下表面各点的静压大于大气压力是压力,叫作正压,用垂直机翼表面箭头向内的矢量表示。将各矢量的外端点用光滑曲线连接起来就得到了机翼表面的压力分布图。

将作用在机翼上下表面分布的气动力合成就得到了作用在机翼上的气动力的合力,是一个主要向上并略向后倾的力。这个力在垂直来流方向上的分量就产生了升力,在平行气流方向的分量叫阻力。合力的作用点就叫作机翼的压力中心。因为作用在机翼上的气动力合力的方向基本是垂直来流向上的,所以,机翼产生的升力远远大于阻力。在机翼表面的压力分布图中:机翼的前缘 A 点,气流速度减小到零,正压达到最大值,此点称为驻点。机翼上表面 B 点,气流速度最大,负压达到最大值,称为最低压力点。

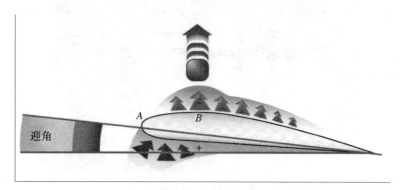

图 5.1.13　翼型表面压力分布

（2）阻力的产生

在低速飞行中固定翼无人机的阻力主要有摩擦阻力、压差阻力、干扰阻力和诱导阻力。其中前三个阻力与飞机的升力无关,主要是由于空气的黏性引起,统称为废阻力。下面在介绍飞机的阻力之前,先了解一些与空气黏性有关的空气流动状态。

① 摩擦阻力

摩擦阻力是由于空气有黏性而产生的阻力,存在于附面层内。机体表面给气体微团向前的阻滞力,使其速度下降,气体微团必定给机体以大小相等方向向后的作用力,这个力就是摩擦阻力。在紊流附面层的底层,机体表面对气流的阻滞作用要比层流附面层大得多,所以,紊流附面层就要产生要比层流附面层大得多的摩擦阻力。

② 压差阻力

气流流过飞机时,在机体前后压力差形成的阻力就叫作压差阻力。气流流过机翼表面时,在机翼前缘的驻点处速度降为零,形成最大的正压点,在最低压力点之后的逆压作用下附面层分离,又在机翼的后缘生成低压的涡流区。这样,机翼前缘区域的压力大于后缘区域的压力,前后压力差就形成了压差阻力。压差阻力不仅与物体的迎风面积、物体的形状有关,还与物体相对气流的位置（迎角的大小）有关。流线型物体的轴线与气流平行时,可以使压差阻力减小。

③ 干扰阻力

干扰阻力是流过机体各部件的气流在部件结合处互相干扰而产生的阻力。实验表明,整体飞机的阻力并不等于各个部件单独产生的阻力之合,而是多出一个量,这个量就是由于气流流过各部件时,在它们的结合处相互干扰产生的干扰阻力。干扰阻力与各部件组合时的相对位置有关,也和部件结合部位形成的流管形状有关。

④ 诱导阻力

诱导阻力是伴随升力而产生的一种阻力。气流流过机翼产生升力是由于上下翼面存在压力差,对有限翼展的机翼来说,这种压力差会使气流在沿机翼表面向后流动的同时,还会绕过翼梢从下翼面的高压区流向上翼面的低压区。这样,不但使机翼下表面气流的流线由翼根向翼梢偏斜,使机翼上表面气流的流线由翼梢向翼根偏斜,而且在机翼的翼梢部位形成了由下向上旋转的翼梢旋涡(图5.1.14)。

图 5.1.14 翼梢漩涡

由于翼梢旋涡的作用,机翼上下表面的气流在向后流动的同时出现了向下流动的趋势。这种垂直气流方向向下的流动称为下洗(图5.1.15),向下流动的速度称为下洗速度。此时气流的速度是来流速度和下洗速度的矢量合。由于下洗,速度相对来流方向向下倾斜了一个角度,升力也会相对来流方向向后倾斜了一个角度,这样,升力除了在垂直来流方向上有一个起到升力作用的分量外,还会沿来流方向产生一个其阻力作用的分量,这个向后作用阻碍飞机飞行的力叫作诱导阻力。上下翼面压力差越大,升力越大,诱导阻力也就越大。

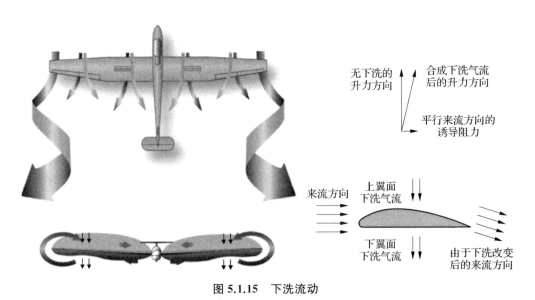

图 5.1.15 下洗流动

3. 飞机运动基础

(1)飞机重心的概念

飞机重力:飞机机体以及飞机上所装载的所有设备、燃油、货物、乘员等重量之和叫作飞机重力,用符号 W 表示。

飞机重心:飞机重力的作用点,重心在机体对称面内。

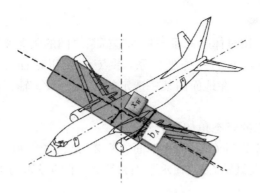

图 5.1.16　飞机重心位置示意图

飞机重心位置与飞机的装载情况有关,而与飞机的飞行状态无关。在飞行中,收、放起落架,燃油消耗等都会使飞机重心发生变化。理论上,飞机重心是一个点,实际上是一个"限"的概念,重心有前限、后限、左限、右限,只要装载重心落在这个限内就符合重心的要求。

(2) 确定飞机在空中运动特性的基本方法

① 机体坐标系

把飞机看作一个刚体。全部质量都集中在飞机重心上,用飞机重心的运动轨迹代替整架飞机的运动轨迹。飞机的任何一种运动都可以分解成全机随着重心的移动和绕重心的转动。

研究飞机运动时选取机体坐标 $O(X_t、Y_t、Z_t)$ 是与机体固连,随机体一起运动的坐标系。它的原点位于机体的重心 O。

纵轴(也称 OX_t 轴):通过重心,位于飞机对称面内,沿机身轴线,箭头指向机头方向。飞机绕纵轴的转动叫作滚转或倾斜。

立轴(OY_t 轴):通过重心,在飞机对称面内,并与纵轴垂直的直线,指向座舱上方。飞机绕立轴的转动叫作偏转或偏航。

横轴(OZ_t 轴):通过重心并与对称面垂直,箭头指向右机翼。飞机绕横轴的转动叫作俯仰或抬头、低头。

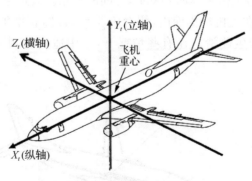

图 5.1.17　机体坐标系

飞机在空中共有 6 个自由度,用机体坐标系表示重心的移动 3 个自由度:分别是沿 X_t 轴、Y_t 轴和 Z_t 轴的平移;机体绕重心转动 3 个自由度:绕 X_t 轴的滚转、绕 Y_t 轴的偏航、绕 Z_t 轴的俯仰。

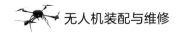

② 飞机在空间的姿态

飞机在空间的姿态可用机体坐标系与地面坐标系之间的关系来确定,并用姿态角表示。地面坐标系:固定在地球表面的一种坐标系,原点 A 位于地面任意选定的某一固定点。AY_d 轴:铅垂向上。AX_d 轴:在地面内某一选定的方向。AZ_d 轴:与 AX_d 轴在水平面内并互相垂直。

描述飞机在空中姿态的姿态角如下。

俯仰角 θ:机体坐标系纵轴 OX_t 与水平面 AX_dZ_d 之间的夹角,规定上仰为正。

偏航角 ψ:机体坐标系纵轴 OX_t 在水平面 AX_dZ_d 上的投影与地面坐标系 AX_d 轴之间的夹角,规定飞机左偏航为正。

滚转角 γ:飞机对称面 OX_tY_t 与包含 OX_t 轴的铅垂面之间的夹角,规定飞机右滚为正。

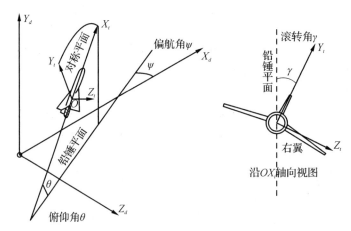

图 5.1.18   姿态角

空速向量相对机体的方位可用两个方位角表示出来:

机身迎角 α:空速向量在飞机对称面 OX_tY_t 上的投影与机体坐标系纵轴 OX_t 之间的夹角,规定投影线在 OX_t 轴下方时,α 为正。

侧滑角 β:空速向量与飞机对称面 OX_tY_t 之间的夹角。规定空速向量偏向右侧时为正,飞行中,空速向量一般都在飞机对称面内,侧滑角 $\beta=0$,以防止增加阻力。但由于外界扰动或水平转弯操纵不当会产生侧滑。在有些情况下,采用适当的侧滑角有利飞行,如侧风着陆、不对称动力飞行等。

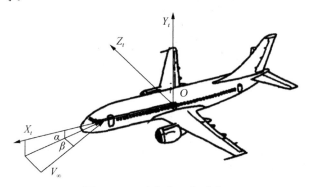

图 5.1.19   空气与飞机夹角

③ 固定翼无人机的操纵性

在飞手操纵下，飞机从一种飞行状态过渡到另一种飞行状态的特性。

飞手操纵飞机，飞机能立即随着飞手的操纵改变飞行状态，叫飞机反应灵敏；如果飞行状态改变缓慢，叫飞机反应迟钝。灵敏性对飞行操纵的影响：过于灵敏，很难精确控制飞机，也会因对操纵反应过大而造成失速或结构的损坏；过于迟钝，驾驶员不得不加大操纵量，操纵起来十分的吃力。所以只有具备一定操纵性的飞机才适合飞行。

纵向操纵性：飞机按照飞手的操纵指令，偏转升降舵，绕横轴转动，增大或减少迎角，改变原飞行姿态的能力。

侧向操纵性：飞机按照飞手的操纵指令，偏转副翼，绕纵轴滚转，改变原飞行姿态的能力。

方向操纵性：飞机按照飞手的操纵指令，偏转方向舵，绕立轴转动，向左或向右偏转，改变原飞行姿态的能力。

图 5.1.20　飞机主要舵面

任务二　熟知国内无人机行业法律法规

无人机行业一直存在着监管困难的问题。随着无人机的增多，各种与无人机有关的突发事件越来越多，无人机监管问题被进一步放大。无人机"黑飞"现象已经干扰到民航系统正常运行，并且"黑飞"现象可能会造成个人隐私泄露，严重情况下还可能造成国家军事机密泄露。中国民航局、工信部等部门在《中华人民共和国民用航空法》的基础上，针对相关问题又出台了一系列规定。

《中华人民共和国民用航空法》第七十三条：在一个划定的管制空域内，由一个空中交通管制单位负责该空域内的航空器的空中交通管制。第七十四条：民用航空器在管制空域内进行飞行活动，应当取得空中交通管制单位的许可。第七十五条：民用航空器应当按照空中交通管制单位指定的航路和飞行高度飞行，因故确需偏离指定的航路或者改变飞行高度飞行的，应当取得空中交通管制单位的许可。第七十六条：在中华人民共和国境内飞行的航空器，必须遵守统一的飞行规则。进行目视飞行的民用航空器，应当遵守目视飞行规则，并与其他航空器、地面障碍物体保持安全距离。进行仪表飞行的民用航空器，应当遵守仪表飞行规则。飞行规则由国务院、中央军事委员会制定。第七十七条：民用航空器机组人员的飞行时间、执勤时间不得超过国务院民用航空主管部门规定的时限。民用航空器机组人员受到酒类饮料、麻醉剂或者其他药物的影响，损及工作能力的，不得执行飞行任务。第七十八条：民用航空器除按照国家规定经特别批准外，不得飞入禁区；除遵守规定的限制条件外，不得飞入限制区。前款规定的禁区和限制区，依照国家规定划定。第七十九条：民用航空器不得飞越城市上空，但是，有下列情形之一的除外：（一）起飞、降落或者指定的航路所必需的；（二）飞行高度足以使该航空器在发生紧急情况时离开城市上空，而不致危及地面上的人员、财产安全的；（三）按照国家规定的程序获得批准的。第八十一条：民用航空器未经批准不得飞出中华人民共和国领空。对未经批准正在飞离中华人民共和国领空的民用航空器，有关部门有权根据具体情况采取必要措施，予以制止。

《民用无人驾驶航空器实名制登记管理规定》，为加强民用无人驾驶航空器（以下简称民用无人机）的管理，民航局下发《民用无人驾驶航空器实名制登记管理规定》（以下简称《规定》），要求自2017年6月1日起，民用无人机的拥有者必须进行实名登记。《规定》适用于在中华人民共和国境内最大起飞重量为250克以上（含250克）的民用无人机。《规定》要求，自2017年6月1日起，民用无人机制造商和民用无人机拥有者须在"中国民用航空局民用无人机实名登记系统"上申请账户，民用无人机制造商在系统中填报其所有产品的信息，民用无人机拥有者在该系统中实名登记其个人及其拥有产品的信息，并将系统给定的登记标志粘贴在无人机上。

《关于开展民用无人驾驶航空器生产企业和产品信息填报工作的通知》，工信部下发《关于开展民用无人驾驶航空器生产企业和产品信息填报工作的通知》（以下简称《通知》），全面摸清全国民用无人驾驶航空器研制、生产情况，为后续相关政策和法规制定提供依据。《通知》要求各省、自治区、直辖市及计划单列市民用航空工业主管部门负责通知并督促所在地民用无人驾驶航空器生产企业填报企业及产品信息，对信息真实性、完整性进行核实和审查，并汇总、报送填报信息。从事民用无人驾驶航空器整机生产的企业应如实、准确地填报企业信息及产品信息，并对所填报信息的真实性、完整性负责。

《关于公布民用机场障碍物限制面保护范围的公告》，中国民用航空局发布了《关于公布民用机场障碍物限制面保护范围的公告》（以下简称《公告》）。《公告》强调，为了防范无人机等升空物体侵入民用机场障碍物限制面（以下简称限制面）区域，减少对机场飞行安全和运行效率的影响，促进电子围栏系统等类似技术的应用，中国民用航空局汇总整理了民用机场限制面保护范围，现首批公布155个机场相关数据。《公告》要求，各类飞行活动应当遵守国家相关法律法规和民航规章，未经特殊批准不得进入限制面保护范围，在限制面保护范围外的飞行亦不得影响民航运行的安全与效率。各机场限制面和净空保护区应按现有规定批准和公布。

《无人驾驶航空器系统标准体系建设指南（2017—2018年版）》，工信部联合国家标准化管理委员会、科技部、公安部、农业农村部、国家体育总局、国家能源局、民航局等部门发布了《无人驾驶航空器系统标准体系建设指南（2017—2018年版）》（以下简称《指南》）。根据无人驾驶航空器系统分类分级复杂、体积重量及技术构型差异大、应用领域众多等特点，《指南》从管理和技术两个角度，提出了无人驾驶航空器系统标准体系框架，包括"分类分级""身份识别"等基础类标准，"注册管理""制造管理""运行管理"等管理类标准，"系统级""部件级"等技术类标准以及在不同行业的应用类标准，其中，基础类标准以国家标准为主，管理类标准、技术类标准和行业应用类标准以行业标准为主。

《民用无人驾驶航空器从事经营性飞行活动管理办法(征求意见稿)》,中国民航局运输司发布关于《民用无人驾驶航空器从事经营性飞行活动管理办法(征求意见稿)》(以下简称《办法》)。《办法》中规定,将规范民用无人驾驶航空器(以下简称"无人机")从事经营性飞行活动,加强市场监管,促进无人机产业安全、有序、健康发展。同时,《办法》适用于在中华人民共和国境内(港澳台地区除外)使用无人机开展航空喷洒(撒)、航空摄影、空中拍照、表演飞行等作业类和无人机驾驶员培训类的经营活动。

《无人机围栏》和《无人机云系统接口数据规范》,民航局发布《无人机围栏》和《无人机云系统接口数据规范》(以下简称《规范》)两部行业标准,我国也由此成为全球范围内最早出台此类行业标准的国家。《无人机围栏》首次明确了无人机围栏的范围、构型、数据结构、性能要求和测试要求等,并对无人机围栏进行分类,按照其在水平面投影几何形状分为民用航空机场障碍物限制面、扇区形、多边形三种,且无人机围栏所使用的经度和纬度坐标点。《规范》明确,无人机系统和无人机云系统之间应按照要求的数据接口进行双向通信,通信内容应包含注册信息,动态信息,数据类型,差异数据等。

《民用航空空中交通管理规则》,交通运输部发布《民用航空空中交通管理规则》,民用无人驾驶航空器飞行活动应当遵守国家有关法律法规和民航局的规定。此外,无人驾驶航空器在民用航空使用空域内活动、管制单位向无人驾驶航空器提供空中交通服务应当遵守国家相关法律法规和民航局相关规定。

随着各项规定的出台,目前无人机"黑飞"问题得到了很大的控制。无人机作为新兴产业必定会有着各种各样的问题,甚至可能对社会产生一定危害,这些问题如果得不到解决,将会严重制约无人机产业的发展。当然,随着时间的推移,无人机产业必定能建立起一整套完善的法律法规,保障无人机产业健康和谐有序可持续发展。

任务三　无人机飞行前准备工作

不同构型的无人机起飞前准备工作大同小异,本书以常见的多旋翼无人机起飞前准备工作为例。

一、航前运输

在无人机运输到工作场地时,一定要确保无人机的主要设备没有问题再进行安装,安装时一定要注意旋翼松紧度,安装旋翼一定要有专业人士进行第二次检查,看是否过紧或过松。旋翼过紧会造成旋翼的损伤,而旋翼过松会造成主旋翼转动异常,可能出现双桨等情况。

二、航前检查

(1)机身结构是否有松动,螺丝是否上紧,碳管是否有裂纹。
(2)飞控插线是否正确,是否有错插、漏插、虚插。
(3)飞机电池电量是否充足。
(4)螺旋桨是否有裂纹有损伤的情况。

（5）观察天气预报,查看天气是否适合飞行,有雨、雪、大风、大雾、冰雹等恶劣天气不建议飞行(风速在 4 级以下可正常飞行,4 级以上不建议飞行)。

（6）检查遥控器电量是否充足,是否与需要飞行的飞机匹配。

（7）连接电池并解锁(无桨状态下),检查电机转向是否正确,转速是否正常,是否有杂音。

（8）检查 GPS 朝向是否指向机头。

（9）确保周围是无建筑物或各式障碍物的空旷环境。

（10）确保周围无禁飞区域,确保不在机场区域。

三、航前校准

校准工作均在地面站上进行,只需连接设备电,禁止连接动力电。做航前校准时绝对禁止带桨。

（1）校准电压:使用测电器将两块电量饱满的电池的电压测量出来并取中间值,填入即可。

（2）校准遥控器:点击摇杆校准,将遥控器摇杆以正方形方式围绕四周进行拨动,点击校准,成功后将两个摇杆回归中位,点击校准后成功。

（3）校准加速度计:进入校准界面后将飞机置于水平位置后点击校准即可。

（4）校准磁罗盘:快速上下来回拨动遥控器上 SE 挡位,这时 LED 灯显示会黄色常亮,说明已进入校准状态,这时水平端起飞机缓慢地匀速地以自己为圆心转圈,校准成功后指示灯会变成绿色常亮,说明进入第二阶段校准,现在把飞机机头朝向正下方同刚才一样的转圈,成功后指示灯会交替快速闪烁,说明校准完成,如果指示灯为红色说明校准失败,则需要重新校准。

校准成功后,须将电源关闭重新上电方可飞行。校准工作在飞机不进行远距离移动情况下,只需校准一次即可。如遇外界干扰强烈,或存在地磁的情况下必须放弃飞行。如必要,请在每次飞行前均进行一次校准工作。

四、航前安装

（1）安装螺旋桨:如图 5.3.1 所示,电机转向为逆时针旋转,在电机上安装有 CCW 标记的螺旋桨,相邻的电机为顺时针旋转,安装有 CW 标记的螺旋桨,并以此类推。

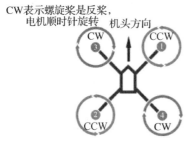
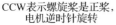
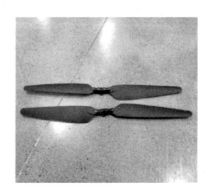

图 5.3.1　螺旋桨正确安装方式

错误安装螺旋桨将直接导致飞机无法正常起飞,甚至直接产生侧翻。

（2）安装电池:首先将两块电池固定在无人机机体上,将带有魔术贴的一面朝下安放,将其与机体上的魔术贴完全贴合,打开遥控器,然后将左侧飞控电源与电池连接,等待 LED 闪烁绿灯。

五、起飞前检查

(1)遥控器与无人机连接成功后,应对无人机做起飞前检查

首先检查电池电量是否可满足完成飞行任务,建议每次飞行前均更换为充满电的电池。然后检查 GPS 卫星的接收信号质量是否达到正常标准:

① GPS 卫星数量在 15～23 之间为良好状态,定位精准,可进行正常飞行。

② GPS 卫星数量在 6～14 之间属于卫星信号状态差,定位存在一定误差,会出现飞机无法进行定位或飘摆不定的情况,可飞行但不建议飞行。

③ GPS 卫星数量在 6 颗以下的时候将无法定位,在 GPS 模式下无法解锁飞机,不可飞行,建议更换飞行场地或停止执行飞行任务。

受天气不好、有高压电、存在地磁等情况的影响,GPS 信号会异常衰弱并不稳定,甚至干扰遥控器指令,建议更换场地或等待天气好转后方执行任务,然后切换姿态检查是否能得到提示,确认无误后进入下一项。

(2)试飞检查操作

疏散现场无关人员,寻找一块适合起飞降落的地面,确认无误后下达连接动力电源指令。连接后会听到电调自检"嘀"的声音,说明电调自检通过。

等待数秒后人员撤离完毕,将飞行模式切换至 GPS 模式(默认为姿态模式),内八字解锁,电机进入怠速状态开始旋转,缓慢推动油门,当油门推过中位后飞机会缓慢起飞,这时继续推动油门让飞机平稳起飞至地面两米的距离,然后将油门回归中位,飞机会锁定当前高度不变(当飞机处于 GPS 模式下的时,油门在中位以上,飞机会处于默认上升的状态,油门处于中位时飞机会锁定当前高度不变,油门处于中位以下会默认下降,上升下降的速度取决于舵量的大小)。

飞机保持平稳定位姿态后,开始操控飞机进行小幅度动作,确认飞机所有姿态全部正常后,说明飞机已无问题。此时将飞机飞回降落点,确保螺旋桨停转后,将遥控器油门位保持在最低位,首先断开动力电源,其次断开设备电源。

任务四　不同行业无人机应用注意事项与作业流程

一、环境对无人机飞行的影响

无人机很容易受周围环境的影响,把这些影响归纳为三类:气候因素、电磁因素和近地面因素。

1. 气候因素

无人机飞行主要依靠空气,因此风对无人机的飞行有很大影响。此外空气的温度和湿

度对无人机飞行也有较大影响。

风影响着飞行器的稳定性、续航时间、相对地面的运动轨迹、速度和航向等。飞行器的抗风能力与其机身重量、动力冗余、飞控特性息息相关,所以在起飞之前必须对飞行器的抗风等级做到深刻了解。大部分的飞行器除特殊应用外,都应在5级风以内进行飞行,以保证飞行器安全。无人机在有风天气作业,需要注意以下几点。

① 不在超出飞行器抗风等级的情况下进行飞行。

② 不在电量不多时飞到下风向较远距离。

③ 如图5.4.1所示,无人机不应在高楼之间穿梭飞行,高楼之间风向较乱。

④ 高空与低空风力风速会有差异,飞行到高空注意观察飞行器状态。

图5.4.1 建筑对风向影响

环境温度对于飞行器的影响,主要是改变聚合物锂电池的充放电性能,锂聚合物电池属于化学电池,其充放电过程就是其内部进行化学反应的过程,低温将使电池的反应速率下降,从而造成续航时间、放电功率改变、电压骤降和飞行动力不足。如图5.4.2所示,对于工作温度,无人机需要注意以下几点。

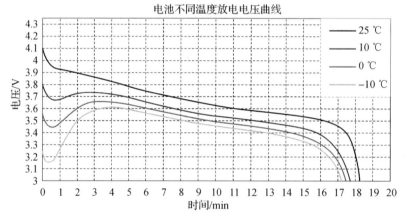

图5.4.2 不同温度电池电压曲线

① 避免在低温下飞行。低温下飞行,起飞前需悬停,对电池进行预热。

② 避免在高温下飞行。高温情况下,电池工作温度过高,有可能造成电池受损。

③ 在有暖气的北方,室外温度较低时,直接将飞行器由室外带至室内将导致飞行器内部水汽凝结,有可能使飞控系统以及电子调速器受到凝水的影响,从而导致故障。

潮湿空气,会使飞行器的金属部分产生腐蚀。金属腐蚀后,不但会降低材料的强度,缩短使用时间,而且有可能会造成电路短路等情况从而影响飞行器的正常工作。对于空气湿度,无人机需要注意以下几点。

① 设备必须放置在干燥环境下。避免放置在潮湿环境当中,如果存储设备较多,并且湿度较大,建议开启除湿机。

② 生锈的螺丝需及时更换。避免在完全锈蚀后无法取出。

能见度是指正常视力的人在当时天气条件下,从天空背景中能看到或辨认出目标物的最大水平能见距离。如图 5.4.3 所示,能见度距离短的飞行环境,将影响操作者对飞行距离的正确判断,容易导致超视距飞行,从而影响飞行安全。

图 5.4.3　能见度低的天气

① 雾霾严重降低能见度。在雾霾下能见度较低,谨慎飞行。

② 严重雾气下不建议飞行。严重雾气下湿度较大,有可能对飞行器造成损害。

2. 电磁因素

飞控 IMU 里有三轴陀螺仪,通过陀螺仪的积分可以得到角度,但陀螺仪有一特性,随着通电时间的增加,漂移也会增加,于是磁罗盘便通过其对磁场变化和惯性力敏感的特性,对陀螺仪的偏差进行修正。由于磁罗盘所检测的是地球磁场信号,而地球磁场信号强度较为微弱,所以磁罗盘是飞行器最容易受到干扰的传感器。如果磁罗盘受到干扰,就会给飞控提供错误的数据,当这个数据与飞控计算出的方向角偏离超过一定比例,就会造成导航算法补偿过量,飞机突然自己向一个方向飞去。

① 飞行时远离具有较强磁性区域,如大块金属、铁质栅栏、磁铁矿脉、停车场、桥洞。

② 飞行器长期闲置或位置变化较大,飞行前都需要重新校准指南针。如从山东至新疆进行作业,则一定要校准指南针。

③ 校准时,尽量在室外进行。室内因为建筑的影响,地磁与外部存在细微差别,所以外场作业应在外场进行校准。

GPS 信号是飞行器进行定位悬停、航线飞行的基础,如果 GPS 信号不佳,飞行器将无法实现很多自动功能乃至不能实现定位悬停。GPS 信号的原理是 GPS 接收机接收多颗微型发射的 GPS 信号并进行计算,在一定范围内,接收到的卫星数量越多其导航的精度也越高。如果飞行区域建筑众多或者地形凹陷,会影响 GPS 信号的接收,导致能够接收的卫星数量过少。

① 在不具备姿态模式飞行能力时,请勿室内飞行。室内并没有 GPS 信号,飞行器起飞后将产生漂移。

② 如图 5.4.4 和图 5.4.5 所示,不在距离较近的高楼之间进行飞行,因为高楼的遮挡,GPS 信号将不佳。

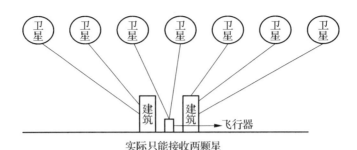

实际只能接收两颗星

图 5.4.4　建筑物之间 GPS 信号

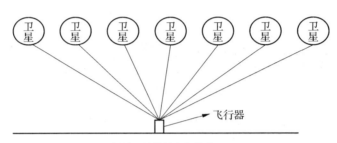

多颗卫星信号全部接收

图 5.4.5　开阔场地 GPS 信号

③ 不在峡谷底部之间进行飞行,因为峡谷会导致 GPS 信号不佳。

地面人员对飞行器的控制来源于控制信号通信链路,一旦通信链路中断或者飞行器超出了遥控距离,那飞行器将进入失控状态,人员对于飞行器也就失去了控制。影响控制信号通信链路的因素有以下几点。

① 飞行前需明确飞行器的有效控制距离,不超出遥控距离进行飞行。

② 不要将飞行器操作到高大建筑、高山正后方,否则将有可能导致失控。

③ 必须将遥控器天线展开,并与飞行器保持合理角度。

飞行器的图像传输以及遥控控制,主要是通过无线信道进行的。若其正在使用的频段受到其他信号,例如 Wi-Fi、发射塔、电台等信号干扰,将导致其传输效果变差甚至是中断,从而影响操作者的判断,严重影响飞行安全。

3. 近地面因素

现代城市,高楼拔地而起,数量日益增多,而且大多使用钢筋混凝土结构。大量使用钢筋的建筑物会影响多旋翼飞行器指南针的工作状态,造成干扰,而且由于 GPS 信号的受遮挡,飞行器的定位效果将变差,甚至无法定位,飞行器自动切换至无 GPS 模式状态。另外,要特别注意设置返航高度,若返航高度低于周围建筑的最高高度,在飞行器返航过程中将有可能撞到建筑物,从而影响飞行安全。

① 不要飞入复杂建筑群当中,否则 GPS 信号较易受遮挡,而磁罗盘易受干扰。

② 返航高度设置应高于楼层高度,否则无人机发生返航时,将有可能发生碰撞(图5.4.6)。

斜拉索以及电线也是作业需要注意的因素之一,因为目标较小往往容易被人所忽视。

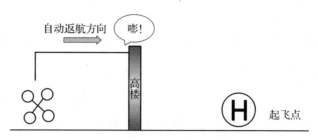

图 5.4.6　返航高度过低时失控返航

对于这些因素最佳的解决办法就是在作业之前对作业区域进行完整的检查,做到对地形、障碍物心中有数。

二、无人机航测工作流程

无人机低空摄影测量技术的工作流程为:测量区域航线规划→控制无人机按照航线进行拍摄作业→存储拍摄数据→与地面控制系统实现数据交换处理→飞行任务结束无人机降落→根据数据资料选择是否进行补拍→完成无人机低空摄影测量。总体分为准备阶段、外业实施阶段、内业数据处理阶段。

1. 准备阶段

首先,确定测绘任务中的具体项目需求,从而选择合理的无人机低空摄影设备的型号。目前除了倾斜摄影和小面积测绘可能会采用多旋翼,一般工程测绘是以固定翼无人机为主。

其次,进行测绘项目整体资料的搜集和调整。

最后,进行工程测绘项目航线设计、现场勘查和飞机检查工作,从而为测量做好前期准备。

2. 外业实施阶段

首先,进行现场测量环境与设备的检查,如果发现存在摄影漏洞,需要进一步根据现场的地形重新进行航线设计,重新开始低空数码航拍工作;如果没有漏洞,则可以按照原始的航拍路线进行技术处理。

其次,按照获取影像设计像控点的分布,并完成像控点的测量和记录,在此过程中,根据畸变差修正后的影像资料对像控点进行测量并修正记录,完整准确的外业测量记录,为内业数据处理奠定基础。

3. 内业数据处理阶段

这一阶段主要分为数据采集与数据编辑两部分内容。这部分的主要工作任务:一方面对数字高程模型(DEM)和数字正射影像数据集(DOM)生成处理,利用技术手段和数据处理手段实现基本数据模型的生成;另一方面对 DEM 和 DOM 数据生成的结果进行成果质量检测,保障数据输出的真实性,输出 DEM 和 DOM 成果,随后完成数字规划地图(DLG)制作,输出 DLG 成果。

无人机外业测绘小组配备 2~3 人即可,航测任务结束后对数据进行检查,合格后即可进行后续的数据处理工作。无人机外业测绘流程步骤如下。

（1）工作准备

制订技术方案，收集资料，根据预先确定的航摄范围，会同航摄部门进行飞行路线设计，完成航摄参数计算与设定，编制领航图。

（2）判断天气条件

无人机航测，气象条件的好坏是前提。出发航拍之前，要掌握当日天气情况，并观察云层厚度、光照和空气能见度。恶劣天气下请勿飞行，如大风（风速 4 级及以上）、下雪、下雨、有雾天气等。

（3）到达起降地点

确定天气状况、云层分布情况适合航拍后，带上无人机、弹射架、电台、电脑等相关设备赶赴航拍起飞点。起飞点通常事先进行考察，提前确定好航拍架次及顺序。起降场地的选择原则如下。

① 比较平的土路或石子路。

② 周边无高压线及高层建筑。

③ 与风向平行。

④ 无人员车辆走动。

⑤ 无起降条件时，选择手掷起飞或弹射起飞，伞降或拦阻网降落。

（4）测定现场风速

到达现场后，测定风速。测绘无人机可抗 6 级风速，适应温度在 -20 ～ 60 ℃ 之间，如图 5.4.7 所示。

（5）架设弹射架

为保证飞机起飞平稳，弹射架一般逆风架设。华测 P700E 采用一体弹射的配置，对场地要求小，对地形适应性强，相较于其他产品的弹射绳设计更符合方便快捷的理念，同时最大限度地保证了操作人员的安全性。

（6）架设电台

电台用于地面站和无人机之间的通信。现阶段大多数测绘无人机都使用电台的方式进行无人机与地面站的数据交换，华测 P700E 的高频电台可进行长达 50 千米的超长距离监控，保证飞机安全高效运作，如图 5.4.8 所示。

图 5.4.7　风速传感器

图 5.4.8　架设电台

（7）当天作业日志

记录当天风速、天气、起降坐标等信息，留备日后数据参考和分析总结。

（8）姿态角度调整

对于距离上一次起飞地点超过 200 千米的起飞地点，需对飞机姿态、角度进行调整，以确保飞机准确通信。无人机机体内都配备有电子罗盘、磁校准等设备来确保飞机在飞行过程中的自我姿态控制，由于各地地磁情况不一，华测 P700E 自带校准系统用来应对各地不同地磁情况对无人机的干扰以及安全隐患。

（9）无人机放至弹射架

安装时需检查无人机各部件是否连接紧密，弹射架供电接线是否正确连接，电力是否充足，如图 5.4.9 所示。

图 5.4.9　无人机弹射架布置

（10）手动遥控测试

将飞行模式调至手动遥控飞行状态，测试机头、机身、尾翼是否能按指令操作。手动遥控模式主要用于无人机起飞和降落时遇特殊情况时的应急处理。

（11）起飞前准备

起飞前要检查进行航拍相机与飞控系统是否连接，降落伞包处于待命状态，与风向平行、无人员车辆走动等。

（12）无人机起飞与飞行

各项准备工作完毕后，就可以起飞了。这时，操作手应持手动操作杆待命，观察现场状况，根据需要随时手动调整飞机姿态及飞行高度，如图 5.4.10 所示。

图 5.4.10　无人机弹射起飞

无人机飞行时应当严格按照技术设计要求进行航摄飞行。为了保证 GPS 数据的质量，要求在航摄飞行中尽量保持飞机姿态的平稳，转弯半径要大，飞机倾斜角不得大于 15°，以防止 GPS 信号失锁。

无人机航测质量要求如下。

① 像片重叠度

航向重叠度一般应为 60%～80%，最小不应小于 53%。

相邻航线的像片旁向重叠度一般应为 15%～60%，个别最小不应小于 8%。

② 像片倾斜角

像片倾斜角一般不大于 5°，个别最大不大于 12°。

③ 像片旋偏角

旋偏角一般不大于 15°，在确保像片航向和旁向重叠度满足要求的前提下，个别最大不超过 30°，同一条航线上旋偏角超过 20°的像片数不应超过 3 片。超过 15°旋偏角的像片数不应超过摄区像片总数的 10%。

④ 摄区、分区、图廓覆盖保证

航向覆盖、旁向覆盖边界保证摄区及分区影像制作范围全覆盖。

⑤ 漏洞补摄与重摄

航摄过程中出现的相对漏洞和绝对漏洞应及时补摄，漏洞补摄应原设计要求进行。对不影响内业加密模型连接的相对漏洞，可只在漏洞处补摄，补摄航线的长度应超出漏洞之外一条基线。控制航线如其本身出现局部的相对漏洞或有其他缺陷（如云影、脱膜、斑痕等），在不影响整条航线内业加密选点和模型连接的情况下可不补摄。凡需要补摄时，整条航线重摄。

（13）飞行监测

① 对航高、航速、飞行轨迹的监测。

② 对发动机转速和空速地速差进行监控。

③ 随时检查照片拍摄数量。

④ 对燃油消耗量进行监控及评估。

（14）无人机降落

无人机按设定路线飞行航拍完毕后，降落在指定地点。手动遥控操作手到指定地点待命，在降落现场突发大风、人员走动等情况时及时调整降落地点。

（15）数据导出检查

图 5.4.11 数据导出

降落后,对照片数据及飞机整体进行检查评估,结合贴线率和姿态角判断是否复飞,继续完成附近区域的航拍任务或转场,理论上一个起降点的飞行控范围为 $300\ \mathrm{km}^2$。

三、架空线路多旋翼无人机巡检作业

根据南方电网给出的无人机电力巡检指导方案,巡检作业需要遵循以下作业原则:开机前"检查",起飞前"确认",飞行中"监控",巡检"遵守",巡检"禁止",巡检"不飞"。

(1)无人机开机前"检查"

检查无人机及遥控器,桨叶是否旋紧、电池是否安装到位、云台保护扣是否卸下、相机 SD 卡是否插入、遥控各操纵杆是否恢复默认以及各结构连接点是否有松动。

(2)无人机起飞前"确认"

① 确认无人机各项数据及功能正常,包括无人机及遥控器电量、GPS 卫星数目、图传及拍照测试、指南针校对等。

② 确认起飞地点周围环境、飞行路线规划、降落地点等是否符合最低飞行要求。

(3)无人机飞行过程"监控"

① 飞手在飞行过程中注意监控飞机电量、图传及遥控信号强度、飞行数据(高度、距离、提升及平移速度)等。

② 监护人注意监控飞手周围环境、留意路边车辆及围观群众等。

③ 飞手、监护人需同时监控飞机姿态,判断离带电设备距离及附近的干扰源。

(4)无人机巡检"遵守"

① 遵守无人机视距内飞行。

② 遵守无人机飞行速度应小于等于 $9\ \mathrm{m/s}$。

③ 遵守无人机与带电体保持 $2\ \mathrm{m}$ 以上的安全距离。

(5)无人机巡检"禁止"

① 飞行过程需平缓稳定,在基本功未成熟时,严禁做复杂飞行动作,尤其严禁接近人。

② 跨越导线及杆塔需从地线上方通过,禁止从线底通过或穿越相间导线通过。

③ 在接近带电设备 $5\ \mathrm{m}$ 内时需微调靠近并时刻留意图传是否有延时,禁止高速靠近带电设备。

④ 飞行结束后,禁止立即将该电池放入飞机箱内。

(6)无人机巡检"不飞"

① 精神状态不好不飞。

② 存在安全隐患或没有做好充分准备的飞行器不飞。

③ 人口稠密的上空不飞。

④ 军事、边境等敏感地区不飞。

⑤ 明确禁止飞行的场所不飞。

1. 作业环境要求

① 起飞、降落点应选取面积不小于 $2\ \mathrm{m}\times2\ \mathrm{m}$,地势较为平坦且无影响降落的植被覆盖的地面,如现场起飞、降落点达不到要求,应自备一张地毯作为起飞、降落点。

② 用温湿度计测量,作业相对湿度应小于等于 95%。

③ 用风速仪测量,现场风速应小于等于 7.9 m/s;精细巡视及故障点查找,现场风速应小于等于 5 m/s(距地面 2 m 高,瞬时风速)。

④ 遇雷、雨天气不得进行作业。

⑤ 作业环境云下能见度不小于 3 km。

⑥ 作业前应落实被巡线路沿线有无爆破、射击、打靶、飞行物、烟雾、火焰、无线电干扰等影响飞行安全的因素,并采取停飞或避让等应对措施。

⑦ 精细巡视及故障点查找,应保证作业点在视距内,并无遮挡。

2. 无人机检查

(1) 外观检查

① 无人机表面无划痕,喷漆和涂覆应均匀;产品无针孔、凹陷、擦伤、畸变等损坏情况;金属件无损伤、裂痕和锈蚀;部件、插件连接紧固,标识清晰。

② 检查云台锁扣是否已取下。

③ 使用专用工具检查旋翼连接牢固无松动,旋翼连接扣必须扣牢。

④ 检查电池外壳是否有损坏及变形,电量是否充裕,电池是否安装到位。

⑤ 检查显示器、电量是否充裕。

⑥ 检查遥控器电量是否充裕,各摇杆位置应正确,避免启动后无人机执行错误指令。

(2) 功能检查

① 启动电源。

② 查看飞机自检指示灯是否正常,观察自检声音是否正常。

③ 需检查显示器与摇控器设备连接,确保连接正常。

④ 无人机校准后,确保显示器所指的机头方向与飞机方向一致。

⑤ 操作拍摄设备是否在可控制范围内活动,拍摄一张相片检查 SD 卡是否正常。

⑥ 显示屏显示 GPS 卫星不得少于 6 颗才能起飞。

⑦ 检查图传信号、控制信号是否处于满格状态,并无相关警告提示。

⑧ 将飞机解锁,此时旋翼以相对低速旋转,观察是否存在电机异常、机身振动异常。如有异常,应立即关闭无人机,并将无人机送回管理班组进行进一步检查。

3. 巡检方式

多旋翼无人机巡检作为人工巡检的辅助工具,主要适用于以下几种情况。

(1) 正常巡视

按照多旋翼巡检计划对架空线路本体、附属设施、线路通道等进行的常规巡检作业。

(2) 特殊巡视

特殊巡视分为故障巡视和灾情查勘两种。

① 故障巡视

运行单位为查明线路故障点,故障原因及故障情况等所组织的线路巡检作业。

② 灾情查勘

当发生地震、泥石流、山火、严重覆冰等自然灾害后,根据需要派出无人机对受灾地区进行灾情调查拍摄和录像取证,搜集输变电设施受损及环境变化情况的作业。

4. 巡检内容

多旋翼无人机巡检可采用可见光相机、可见光摄像机对架空线路本体、附属设施、通道及电力保护区等三大部分进行巡检。巡检内容如表5.4.1所示。

表5.4.1　架空线路多旋翼无人机巡检内容一览表

巡检对象		检查线路本体、附属设施、通道及电力保护区有无以下缺陷、变化或情况	巡检手段
线路本体	地基与基面	回填土下沉或缺土、水淹、冻胀、堆积杂物等	可见光
	杆塔基础	明显破损、酥松、裂纹、露筋等,基础移位、边坡保护不够等	
	杆塔	杆塔倾斜、塔材严重变形、严重锈蚀、塔材、螺栓、脚钉缺失、土埋塔脚等;混凝土杆未封杆顶、破损、裂纹、爬梯严重变形等	
	接地装置	断裂、严重锈蚀、螺栓松脱、接地体外露、缺失、连接部位有雷电烧痕等	
	拉线及基础	拉线金具等被拆卸、拉线棒严重锈蚀或蚀损、拉线松弛、断股、严重锈蚀、基础回填土下沉或缺土等	
	绝缘子	伞裙破损、严重污秽、有放电痕迹、弹簧销缺损、钢帽裂纹、断裂、钢脚严重锈蚀或蚀损、绝缘子串严重倾斜、绝缘子温度异常	
	导线、地线、引流线、OPGW	散股、断股、损伤、断线、放电烧伤、导线接头部位过热、悬挂漂浮物、严重锈蚀、导线缠绕(混线)、覆冰等	
	线路金具	线夹断裂、裂纹、磨损、销钉脱落或严重锈蚀;均压环、屏蔽环烧伤、螺栓松动;防振锤跑位、脱落、严重锈蚀、阻尼线变形、烧伤;间隔棒松脱、变形或离位、悬挂异物;各种连板、连接环、调整板损伤、裂纹等	
附属设施	防雷装置	破损、变形、引线松脱、烧伤等	
	防鸟装置	固定式:破损、变形、螺栓松脱等 活动式:褪色、破损等 电子、光波、声响式:损坏	
	各种监测装置	缺失、损坏	
	航空警示器材	高塔警示灯、跨江线彩球等缺失、损坏	
	防舞防冰装置	缺失、损坏等	
	ADSS光缆	损坏、断裂等	
	杆号、警告、防护、指示、相位等标志	缺失、损坏、字迹或颜色不清、严重锈蚀等	
通道及电力保护区(外部环境)	建(构)筑物	有违章建筑等	
	树木(竹林)	有近距离栽树等	
	施工作业	线路下方或附近有危及线路安全的施工作业等	
	火灾	线路附近有烟火现象,有易燃、易爆物堆积等	
	防洪、排水、基础保护设施	大面积坍塌、淤堵、破损等	
	自然灾害	地震、山洪、泥石流、山体滑坡等引起通道环境变化	

巡检对象		检查线路本体、附属设施、通道及电力保护区有无以下缺陷、变化或情况	巡检手段
通道及电力保护区（外部环境）	道路、桥梁	巡线道、桥梁损坏等	可见光
	采动影响区	采动区出现裂缝、塌陷对线路影响等	
	其他	有危及线路安全的飘浮物、藤蔓类植物攀附杆塔等	

5. 巡检方法及要点

1）正常巡视

正常巡视分为快速巡视和精细巡视两种类型。

（1）快速巡视

主要巡视架空线路线行、杆塔本体及基础情况。

拍摄要求：

① 将飞行器升至架空地线以上，摄像头往下调整，拍摄整基杆塔全塔图，至少拍摄 1 张照片。

② 拍摄完塔头照片后，原位调整摄像头角度，俯视拍摄杆塔基础情况，至少拍摄 1 张相片。

③ 按照登塔检查线行的高度，分别在线路外两侧向杆塔的大、小号侧拍摄线路相片，每侧大小号侧至少拍摄 1 张照片。

（2）精细巡视

无人机飞行器利用可见光设备对线路和杆（塔）元件进行悬停检查的作业。适用于在首次开展无人机巡视的线路、存在缺陷或异常的线路以及按照周期需要开展精细化巡视的线路。

拍摄要求：

① 针对基础、地面：飞行器需离线路杆塔以外，缺陷附近树木、障碍物最高点 2 m 以上，至少选择 2 个不同方向进行拍摄，每个方向拍摄照片不低于 3 张。

② 针对杆塔横担、线路金具：每个角度拍摄照片不低于 3 张。

③ 针对交叉跨越：拍摄照片不低于 1 张。

2）特殊巡视

（1）故障巡视

故障巡视是当线路发生故障或缺陷后，根据需要派出无人机对可能发生故障或缺陷的线路区段和部位进行精细检查、查找的作业。

拍摄要求：

① 查找雷击故障点：飞行器需水平垂直正对、左右斜 45°角面对进行拍摄，每个角度每次拍摄照片不低于 3 张。

② 外力破坏：针对导线损伤类，无人机需拍摄低于平视角 45°（俯视）、平视角、高于平视角 15°（仰视）3 个角度进行拍摄，每个角度拍摄照片不低于三张。

③ 树障：飞行器与导线高度持平，分别在树障点沿线路两侧向杆塔侧拍摄线路相片。两侧拍摄后，如需在相间拍摄，需将飞行器往下降，落低至底相导线 3 m 后，飞入导线中央，

随后进行拍摄。每侧至少拍摄 3 张照片,另外飞行器必须保持平视角拍摄,拍摄时水平方向尽可能靠近树障点。

（2）灾情查勘

当发生地震、泥石流、山火、严重覆冰等自然灾害后,根据需要派出无人机对受灾地区进行灾情调查拍摄和录像取证,搜集输变电设施受损及环境变化情况的作业。

拍摄要求:

① 飞行器升上高空后,进行视频拍摄模式,缓慢水平旋转 360°拍摄灾害周边情况,方便后续取证及抢险工作等开展进行。

② 山火灾情监测飞行时,严禁无人机进入浓烟区或火苗上方。

6. 资料整理、移交和储存

① 巡视产生的所有资料必须进行存储备份,以便进行资料查询和数据分析。

② 所属运维班组根据无人机电力作业发现的疑似缺陷进行核实并消缺。

7. 无人机架空线路作业安全注意事项

（1）飞行前后

① 起飞前先启动遥控器,再启动飞行器。降落后先关闭飞行器,再关闭遥控器。严禁以上顺序逆转进行。

② 起飞前必须保证飞行器与飞手保持至少 5 m 距离,飞手操作过程中严禁人群站立在飞手两肩平行线前方。

③ 在飞行过程中,切勿停止电机,否则飞行器将会坠毁,除非发生特殊情况（如飞行器可能撞上人群）,需要紧急停止电机以最大限度减少伤害。

（2）指南针校准

① 指南针校准非常重要,校准结果直接影响飞行安全性。未校准可能导致飞行器工作异常,指南针错误时无法执行返航功能。

② 请勿在有铁磁性物质的区域校准,如大块金属、磁矿、停车场、桥洞、带有地下钢筋的建筑区域等。

③ 校准时切勿随身携带铁磁物质,如钥匙、手机等。

④ 如果校准后机尾 LED 指示灯显示红色常亮,则表示校准失败。重新校准指南针。

⑤ 校准成功后放在地面上,出现指南针异常,很有可能是因为地面上有钢筋,届时飞手将飞行器更换位置查看异常是否清除。

⑥ 遇到以下情况,进行指南针校准:

- 指南针读数异常并且飞行器状态指示灯红黄交替闪烁。
- 在新的飞行场所飞行。
- 飞行器的结构有更改,如指南针的安装位置有更改。
- 飞行器飞行时严重漂移。

（3）作业过程

① 巡视作业时,若需要跨越杆（塔）检查,必须将无人机升高。从杆（塔）上侧通过后下降进行作业。严禁采用直接从底相、相间、跳线间空隙通过等危及无人机安全的行为。

② 严禁无人机在变电站（所）、电厂上空穿越。

③ 严禁无人机在两回线路交叉跨越中间的飞行。

④ 当无人机悬停巡视时,应顶风悬停。若对无人机姿态进行调整时,监护人员要提醒无人机驾驶员注意线路周围的障碍物。

⑤ 巡视作业时,无人机驾驶员必须始终能看到作业线路,并清楚线路的走向,无人机与杆(塔)元件、导线的距离严禁小于 2 m。

⑥ 需要进行在双回路杆(塔)中间进行树木距离排查的作业,无人机必须在双回路杆(塔)中间选点进行起飞作业,严禁在线行外选点进行起飞作业。

⑦ 无人机悬停作业时,严禁进入线路内侧进行悬停作业,包括导线与杆(塔)之间,水平排列单回直线杆(塔)中相内侧、三角形排列单回直线杆(塔)中相内侧。

⑧ 精灵 3 系列无人机,标称图传距离为 800 m,标称续航时间为 25 min。实际飞行时建议飞行距离在 500 m 内。

⑨ 如遭遇危险情况飞行人员应冷静并服从监护人员的指挥。

四、无人机物流操作

(一) JD Y3 物流无人机使用注意事项

1. 安装使用注意事项

(1) 安装注意事项

① 在所有部件安装完成后,再装入高压电池。

② 不要轻易拧下已安装的螺丝(已使用高强度螺丝胶),避免造成损坏。

(2) 使用注意事项

高速旋转的螺旋桨可能会对人身财产造成一定程度的伤害和破坏,因此在使用时务必注意安全。

2. 飞行注意事项

① 飞行器未做防雨淋处理,雨雪天气以及 7 m/s 以上风速不得飞行。

② 每次飞行前,务必检查各零部件是否完好,如有部件老化或损坏,需更换后再飞行。

③ 每次飞行前,确保螺旋桨和电机安装正确和稳固,机臂和螺旋桨已展开

④ 每次飞行前,确保 GPS 罗盘模块上的箭头均指向飞行器机头方向。

⑤ 每次飞行前,确保所有线材连接正确并且紧固可靠。

⑥ 飞行时远离不安全因素,如障碍物、人群、儿童、建筑物、高压线、树木遮挡、水面等。

⑦ 务必使用格氏 22 000 mA·h 高压飞行电池。

⑧ 务必在安全起飞重量(5~10 kg)下飞行,以免发生危险。

⑨ 切勿贴近或接触旋转中的电机或螺旋桨,避免被旋转中的螺旋桨割伤。

⑩ 务必使用 JD 提供的零配件。

3. 动力系统注意事项

1) 电池注意事项

Y3 配备 1 个电池仓和 4 块高压飞行电池,有效提升续航时间。高压飞行电池容量为

22 000 mA·h,电压为 22.2 V。该款电池采用全新的高能电芯,为飞行器提供充沛的电力。电池使用时必须注意以下事项。

① 高压飞行电池必须使用具有高压充电的功能充电器。首次使用飞行电池前,务必将电池电量充满。

② 电池如果超过 3 天不使用,需存储到储存电压保护电池。单片电池电量大于 3.85 V 时,可用专用放电器进行放电至 3.85 V,单片电池电量低于 3.85 V 时,可用专用充电器进行充电至 3.85 V。

③ 电池在炎热天气使用可能会有发热,属正常现象。

④ 充电温度保护。电池温度为 5 ℃以下或 40 ℃以上时充电会损坏电池,此时电池维护人员将不要启动充电。

⑤ 充电过流保护。大电流充电会严重损伤电池,电池维护人员不要给电池充电超过 30 A。

⑥ 过放电保护。过度放电会严重损伤电池,若电池放电至 21.5 V,电池将有可能会报废。

⑦ 电芯损坏。在电池严重鼓包,万用表量不出电压或者电压低于 21 V,此电池将不可以使用于常规飞行。

⑧ 电池历史记录。飞行人员和飞行维护人员将要对做好电池编号的电池做充放次数的记录,以便后续清楚电池寿命以及报损历史记录。

2)电机、电调及桨的注意事项

① 电机使用允许最大电压 52.2 V,操作需谨慎使用。

② 使用时需远离不安全因素,如障碍物、人群、高压线等。

③ 切勿靠近或者接触旋转中的电机或螺旋桨,避免被旋转中的螺旋桨割伤。

④ 使用前请检查电机或者螺旋桨安装是否正确,螺旋桨是否展开。

⑤ 使用前请检查各零部件是否完好,如有部件老化或者损坏,需及时更新部件。

⑥ 每次飞行前,检查各部分结构或者螺丝是否松动。

3)地面站注意事项

(1) 检查阶段

① 飞控上电 USB 线连接电脑,打开调参软件检查该页面各项数值正常。

② 在调参软件上切换至工具选项框,手动校准陀螺仪和加速度计并重新上电,确保万无一失。

③ 重新上电后等待飞控通过自检蓝灯闪烁,连接地面站,打开地平仪查看数据,确认俯仰、横滚、航线姿态正常。

(2) 飞前航线上传阶段(此阶段不允许飞手对遥控器进行任何操作)

① 点击航线设置,加载需要运营的航线,确认 1 点经纬度和地平仪上经纬度一致。

② 点击上传按钮,查看地面站右下角上传提示,确认上传点数和航线编辑器里点数一致。

(3) 飞手混控检查阶段(此阶段地面站不允许进行任何操作)

检查混控时所有舵面对应检查完毕,油门收至最低,等待自动加锁后,再解锁手动飞行验证。

（4）一键作业阶段

① 等待飞手准备就绪，清场完毕，点击一键作业并记录时间。

② 途中时刻注意飞行姿态、位置、星数、电压、通信状态，及时与飞手汇报（记录最大姿态角和巡航姿态角）。

（5）结束飞行回收阶段

① 飞机触地后记录电压，降落时间。

② 飞机断电回收。

（二）JD Y3 物流无人机操作流程

1. 遥控器配置

（1）Y3 适配一飞飞控设置

遥控器和机载接收机对频，遥控器发射制式修改为 14CH，修改模型名称为 618。

在 FUNCTION 菜单中 1～4 通道均为姿态控制通道，故 1～4 通道为默认通道，日本手 1 通道为 J1、T1，2 通道为 J3、T3，3 通道为 J2、T2，4 通道为 J4、T4；美国手 1 通道为 J1、T1，2 通道为 J2、T2，3 通道为 J3、T3，4 通道为 J4、T4。5～12 通道均为自定义通道，分别映射到开关（SA、SB、SC、SD、SE、SF、SG、SH、LD、RD 等），需要技术人员进行通道映射。Y3 机型适配一飞飞控时 5 通道映射到 SE 开关，1 挡为手动模式、2 挡为 GPS 模式、3 挡为空（没有模式）。6 和 7 通道没有映射任何开关，故 6 和 7 通道没有任务要求。8 通道为自动载具的舵机通道，此通道映射开关为 RD 开关，旋钮最左为舵机关闭，旋钮中间为自主模式下的自动抛货，旋钮最右为舵机打开。在 REVERSE 菜单中 2、3、8 通道均为反向（REV），其他通道均为默认设置（NORM）。

（2）Y3 适配微克飞控设置

遥控器和机载接收机对频，遥控器发射制式修改为 14CH，修改模型名称为 JD。

在 FUNCTION 菜单中 1～4 通道均为姿态控制通道，故 1～4 通道为默认通道，日本手 1 通道为 J1、T1，2 通道为 J3、T3，3 通道为 J2、T2，4 通道为 J4、T4；美国手 1 通道为 J1、T1，2 通道为 J2、T2，3 通道为 J3、T3，4 通道为 J4、T4。5～12 通道均为自定义通道，分别映射到开关（SA、SB、SC、SD、SE、SF、SG、SH、LD、RD 等），需要技术人员进行通道映射。Y3 机型适配一飞飞控时 5 通道映射到 SE 开关，1 挡为姿态定高模式、2 挡为空（没有任何模式），3 挡为悬停模式。6 通道 1 挡为机头锁定模式，2 挡为智能机头，3 挡为兴趣点环绕。7 通道 1 挡待命，2 挡为空（没有任何模式）3 挡为返航模式。8 通道为自动载具的舵机通道，此通道映射开关为 RD 开关，旋钮最左为舵机关闭，旋钮最右为舵机打开。在 REVERSE 菜单中 2、5、6、7、8 通道均为反向（REV），其他通道均为默认设置（NORM）。

遥控器配置完成后，JD Y3 物流无人机就可以进行正式运营了。如图 5.4.12 所示，具体的运营流程包括预先准备、飞行前准备、运营飞行和任务后检查。预先准备包括空域申请、电池准备、气象查询。飞行前准备包括取货、基站架设、飞行前检查、航班与运单创建、装箱、地面站准备、手动飞行测试、起降点保护等任务。运营飞行包括起飞、监控、抛货返航等任务。任务后检查包括飞机回收检查、数据整理和基站回收。

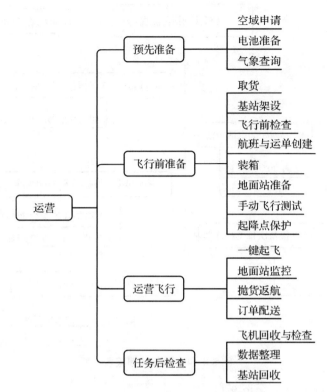

图 5.4.12　JD Y3 物流无人机运营流程图

2. 预先准备

（1）空域申请

空域申请是物流无人机运营前必须进行的工作。如图 5.4.13 所示,空域申请主要分成申请空域和飞行计划报备两个部分,其中申请空域后有效期较长,而飞行计划报备通常需要飞行前一天报备。

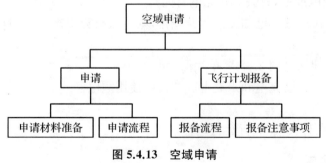

图 5.4.13　空域申请

如图 5.4.14 所示是完整的飞行计划报备流程。以 9:00 起飞 17:00 结束为例,需在飞行前一日 13:00～15:00 报备次日飞行计划,飞行当天 7:45～8:00 需要电话告知军区,并在 5～10 分钟后确认通过情况,起飞时再次报备,飞行结束后需报备飞行结束时间及飞行架次。

空域申请是运营飞行的重要准备工作,空域申请关系到运营是否合法,因此要注意以下事项。

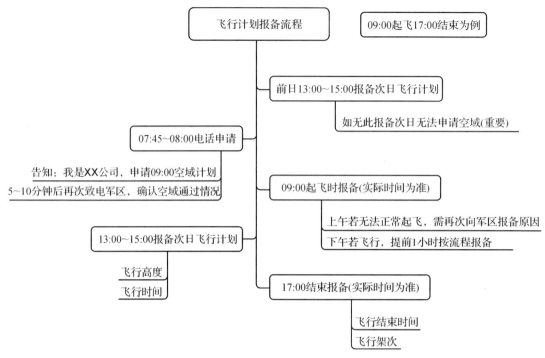

图 5.4.14　飞行计划报备

① 按照规定时间及时电话报备。

② 如有异常及时与飞手、领导沟通,若空域通过,则按正常飞行计划执行。

③ 若实际起飞时因各种原因导致起飞时间与计划时间相差太远,以实际起飞时间报备且提前与军区联系,告知因××原因暂未飞,大概多久可以飞行。若上午因各种原因耽搁未能正常起飞,与军区及时联系,当天空域作废,下午若飞按正常流程提前 1 小时申请。

（2）电池准备

① 根据运营规划,合理安排电池充放电(如次日空域已报备,天气预报良好,或大量测试需求,需前 1 天充电准备,省去运营充电时间)。

② 如遇连续下雨或其他已知无法运营安排,则不进行充电准备并将已有充满电池放电保存。

③ 电池放电一律保养到 3.85 V 单片保存电压。

④ 电池按区域放在已充电和未充电区并按照使用顺序摆放。

（3）气象查询

每日提前查询次日天气,进行运营调整。

（三）飞行前准备

1. 取货

取货是飞行前重要准备事项,由于无人机物流的特殊性,取货时需注意以下事项。

① 取货大小适宜,不超过配送箱,单件重量一般不超 5.5 kg,易碎、玻璃酒水等不取,液体尽量不取,视货物包装具体而定。

② 装箱时合理摆放,注意货物重心不可太偏。

2. 基站架设

基站是物流无人机飞行时,远程控制、远程监测、远程定位的基础。如图 5.36 所示移动基站由 GPS 接收模块、通信模块、变压模块、电池组成。

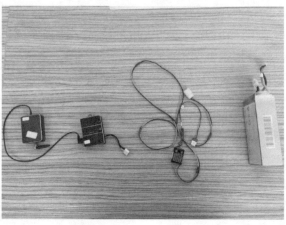

图 5.4.15　移动基站

基站架设的好坏,关系到无人机和地面站之间的通信质量。基站架设时需注意以下事项。

① 建筑物楼顶。

② 周围及上方无遮挡。

③ 基站固定。

④ 天线垂直。

⑤ 保证电池电量充足。

⑥ 固定后上电。

⑦ 检查指示灯是否正常。

⑧ 基站首次架设位置坐标。

⑨ 保证每次架设位置固定不变。

⑩ 基准站应尽量架设在地势较高的地方,而且要远离强电磁干扰源和大面积的信号反射物,流动站距基准站不能超过 15 km,因为在 15 km 内 RTK 数据处理的载波相位的整周模糊度能够得到固定解,这样定位精度才能达到厘米级,根据实际情况作业时将流动站和基准站的距离控制在 6 km 之内。

3. 飞行前检查

动力系统检查(图 5.4.16)是飞行前主要检查工作之一,动力系统检查主要检查以下几个方面。

① 电机状态(是否顺滑)。

图 5.4.16　动力系统检查

② 电机与底座固定的螺丝(是否拧紧)。

③ 电机与桨的固定螺丝(是否拧紧)。

④ 电机的正反转(是否正确)。

⑤ 螺旋桨是否安装正确(正反转)。

⑥ 飞机混控检查。

⑦ 电调状态(推小油门检测)。

⑧ 电池电压检查(需要两人以上检查)。

⑨ 电池外形是否变形。

⑩ 桨是否有裂纹、桨的翼尖是否破损。

遥控器检查也是每次飞行前必须进行的检查,主要检查以下方面:遥控器电压,遥控器发射制式(由接收机而定),模型类型(固定翼),模型名称,映射通道(FUNCTION),模式切换检查(增稳、悬停、自主),遥控器失控保护,飞控状态(各传感器),遥控器舵机开关是否在中位,自主飞行前进行姿态和定点飞行。

除了动力系统和遥控器,结构部分检查也非常重要,主要检查以下内容:机架是否松动,机架螺丝是否拧紧,自动载具或者配重,折叠件是否松动。

4. 装箱

合理的装箱对无人机飞行有着重要影响。装箱时应注意以下几点。

① 货物周边及上下用缓冲海绵垫包裹[图5.4.17(a)]。

② 装箱时合理摆放,重心不偏移。

③ 可适当增加配重物品保持平衡。

④ 装货完成封箱称重记录在当前架次运营记录单[图5.4.17(b)]。

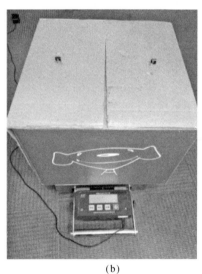

(a)   (b)

图 5.4.17   货物装箱

5. 地面站准备

物流无人机运营主要通过地面站完成,地面站的准备工作是飞行前的重要准备事项。

地面站准备流程如下。

第一步：如图 5.4.18 所示，双击电脑屏幕上"FinixViewGE"图标打开地面站。

图 5.4.18　打开地面站

第二步：如图 5.4.19 所示，① 飞控上电；② 点击"通信设置"；③ 选择"网络通信"；④ 填写每架飞机航灯对应的"端口号"。

图 5.4.19　通信设置

第三步：如图 5.4.20 所示，① 端口号设置完成后，关闭"通信设置"对话框；② 点击"连接"按钮，出现连接成功对话框后，点击"确定"；③ 此时即可观察飞机实时状态数据显示（注意电脑要有网络通信）。

图 5.4.20　连接

第四步:如图 5.4.21 所示,① 点击"地平仪"按钮,可弹出地平仪对话框,在地平仪对话框上可以查看飞机的详细飞行状态;② 星数是否大于 17,定位模式是否为"固定",实时电压值是否满足飞行要求。

图 5.4.21　飞机参数检查

第五步:如图 5.4.22 所示,点击"设置"按钮,设置"报警电压"。

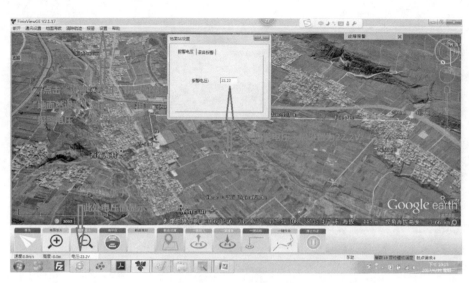

图 5.4.22　设置报警电压

第六步：如图 5.4.23 所示，点击"设置"按钮，设置"语音报警"。

图 5.4.23　设置语音警报

第七步：如图 5.4.24 所示，点击"地图海拔"按钮，设置高度补偿值，高度补偿值大小与当地海拔高度有关。

图 5.4.24　设置高度补偿值

第八步：如图 5.4.25 所示，点击"航迹设置"按钮，弹出"航迹编辑"对话框后，点击"加载"按钮加载已保存的航线。

图 5.4.25　航迹设置

第九步：如图 5.4.26 所示，选择已保存的航线，点击"打开"按钮。

图 5.4.26　航线打开

第十步：如图 5.4.27 所示，① 检查加载出的航点信息和航线，无误后点击"上传"按钮；② 观看地面站右下方显示的上传状态，出现"飞控航点数 N 发送成功"的提示（N 为要发送的航点数），说明已航线已上传成功，如果出现"飞控航点数发送失败"时，重新点击"上传"按钮。

图 5.4.27　航点上传

第十一步：如图 5.4.28 所示，航线上传完成后，飞手检查飞机是否正常，地面站操作员检查飞机返回状态信息是否正常，一切正常后，点击"一键作业"按钮，出现是否一键作业后，点击"是"，飞机将进入自主飞行模式，此时地面站操作员要时刻观察飞机返回状态信息。

图 5.4.28　一键作业

6. 手动飞行测试

（1）地面混控检查。

（2）起飞至安全高度（3～5 m）。

（3）观察飞行器悬停是否异常。

（4）测试遥控器各项操作反馈正常。

7. 起降安全：清场

确保起降场地 10 m×10 m 范围内无人，停机坪上平整无杂物、开胶等。

（四）运营飞行

所有检查和准备完毕，点击一键作业按钮，执行起飞。

无人机起飞后，地面站操作人员还需时刻监控飞行中的各项参数（图 5.4.29）。

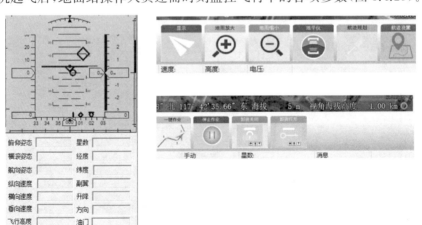

图 5.4.29　飞行参数监控

① 监控并记录飞行器各项参数是否异常。

② 监控并记录飞行器电压是否异常。

③ 监控并记录飞行器模式、GPS 星数、RTK 差分状态。

当无人机飞到目标点后,无人机会进行抛货返航:

① 无人机将在抛货点上空 1.5 m 悬停并抛货。

② 悬停 3 s 后无人机将爬升返航。

无人机在运营飞行中会遇到各种突发情况,通常需要采取以下应急措施。

① 途中丢失信号

飞机此时会在丢失信号位置附近悬停、缓慢飘逸,需要飞手迅速赶到飞机最后位置点,手动降落,取下包裹,将包裹代运到抛货点,并携带飞机返回。

② 降落点抛货失败

飞手切换姿态模式,手动降落,将包裹取下,并将飞机带回。

③ 空中意外迫降

赶去降落点取回飞机。

④ 突然失控坠落

迅速提升危险等级,直接汇报给总负责人,按照出现伤人伤物的最严重事故做预案,第一时间赶赴现场处理,并联系政府配合保护事故现场。

(五) 无人机的回收检查

① 飞机返航降落后断电(先断动力电,后断飞控电)。

② 检查电机是否有异常(电机过热)。

③ 检查机载舵机是否异常(是否过热)。

④ 飞机收回。

⑤ 电池整理安放。

⑥ 运营结束,基站回收。

⑦ 每日飞行数据记录整理并存档。

⑧ 根据计划准备次日所需电池(运营电池+基站电池)。

参考文献

[1] 黄东.基于航拍飞行器巡检高压架空线缆故障的应用与分析[J].科技创新与应用,2017(4):210-211.

[2] 张镭.无人机航拍中电池的使用[J].数码影像时代,2015(2):31-35.

[3] 金昱洋,曲以春,李帅.测绘型多旋翼无人机系统常见问题及维护优化方法[J].测绘与空间地理信息,2017(9):201-203,207.

[4] 常仕军,肖红,侯兆珂,董楹.飞机复合材料结构装配连接技术[J].航空制造技术,2010(6):96-99.

[5] 付海军;水电工程测绘中无人机低空摄影测量技术应用[J].工程建设与设计,2016.

[6] 樊江川.无人机航空摄影测树技术研究[D].北京:北京林业大学,2014.

[7] 常虹.无人机线路巡视应用项目质量控制研究[D].长春:吉林大学,2017.

[8] 王淼,李源源,陈艳芳,刘伟东,武艺,陈利明.大型固定翼无人机在架空输电线路中的应用模式研究[J].测绘通报,2017.

[9] 亓润泽.输电线路无人机单塔精细巡视方法研究[J].数字通信世界,2018.

[10] 岳灵平,章旭泳,韦舒天,俞强,王一波,朱建雄,张弓达.输电线路无人机和人工协同巡检模式研究[J].电气时代,2014.

[11] 周宗国,丁宇洁,周光珍,高在武.高压输电线路智能巡检新技术[J].科学技术创新,2018.

[12] 王伟.浅析架空输电线路运行维护中存在的问题及采取的措施[J].科技创业家,2013.

[13] 孙敬博,王鹏,杨令刚,王冰.影响无人机航测精度的因素浅析[J].矿山测量,2016.

[14] 郑强华.低空无人机空中三角测量精度分析[D].抚州:东华理工大学,2015.

[15] 马震.植保无人机的维修与保养[J].山东农机化,2019.

[16] 张军伟.测绘无人机的优势与应用领域探讨[J].科技风,2018.

[17] 冯树祥.云、能见度以及风三种气象要素对飞行活动的影响分析[J].科技资讯,2013.

[18] 黄睿杰,王镇,李金喜,梁海峰,陈建华,刘忠华,张文凯.无人机行业应用技术[M].北京:航空工业出版社,2019.

[19] 曾明,刘伟,邹建军.空气动力学基础[M].北京:科学出版社,2016.